SCHRIFTENREIHE DES
ÖSTERREICHISCHEN WASSERWIRTSCHAFTSVERBANDES

HEFT 32/33

Die Hochwässer der Donau

von

Doz. Dr.-Ing. Werner Kresser

Leiter des Hydrographischen Zentralbüros, Wien

Mit 24 Textbildern, 15 Flutwellen-Diagrammen, 7 Tabellen und einer
Niederschlagskarte des österreichisch-bayrischen Donaugebietes

SPRINGER-VERLAG WIEN GMBH

1957

ISBN 978-3-7091-3531-0   ISBN 978-3-7091-3530-3 (eBook)
DOI 10.1007/978-3-7091-3530-3

Additional material to this book can be downloaded from http://extras.springer.com

Eigenverlag des Österr. Wasserwirtschaftsverbandes, Wien 1957.
In Kommission bei Springer-Verlag, Wien.

INHALT

Vorwort

Der Österreichische Wasserwirtschaftsverband sah in der Österreichischen Wasserwirtschaftstagung 1957, die den Teilnehmern die Vielfalt unserer Donaulandschaft in einer wohl schwer zu überbietenden Weise vor Augen führen wird, einen willkommenen Anlaß zur Herausgabe dieses neuen Heftes seiner Schriftenreihe.

Die reichbewegte Geschichte des Stromes führt uns unter anderem bereits in die Römerzeit zurück, ruft uns die Nibelungensage in Erinnerung und leitet zur modernen Kraftwasserstraße über. Wenn auch die Donau vorwiegend Freund und Helfer der Menschen ihrer Landschaft war und ist, so erinnern dennoch da und dort bestehende Hochwassermarken, daß sie von Fall zu Fall die Fesseln ihres Bettes gesprengt und nach Gut und Leben gegriffen hat.

Wir sind dem Verfasser dieses Heftes, Herrn Dozenten Dipl.-Ing. Dr. techn. Werner KRESSER, dem Leiter des Hydrographischen Zentralbüros im Bundesministerium für Land- und Forstwirtschaft, als hiezu berufenem Fachmann zu aufrichtigem Dank verpflichtet, daß er das stets aktuelle Thema der Hochwässer der Donau einer so ausgezeichneten sachlichen Beurteilung unterzogen hat. Erfreulicherweise beschränkt er sich dabei nicht nur auf eine Übersicht über die abgelaufenen Hochwässer der Donau unter Hervorhebung der Hochflut vom Juli 1954, sondern befaßt sich auch eingehend mit der Häufigkeit solcher Ereignisse. Der Wunsch aller an einer wissenschaftlichen Untersuchung dieses Fragenkomplexes interessierten Kreise, der in den letzten Jahren, nicht zum wenigsten wegen der beginnenden kraftwasserwirtschaftlichen Erschließung des Stromes, immer dringlicher wurde, ist hiemit erfüllt. Fast zwangsläufig damit verbunden war auch die Beantwortung der Frage nach dem Hochwasserschutz der Bundeshauptstadt Wien, die gerade in jüngster Zeit lebhaft diskutiert wurde.

Möge die klare Stellungnahme des Autors am Schlusse seiner Ausführungen dem planenden Wasserwirtschafter aller Sparten die erforderliche Stütze für seine Projektierungen bieten und in Hinkunft zu einer Annäherung noch divergierender Meinungen beitragen.

Wien, im Mai 1957.

Prof. Dr. O. Vas

Vizepräsident des Österreichischen Wasserwirtschaftsverbandes

Einleitung

Seit der Zeit, da die Menschen feste Siedlungen bezogen, spielte die Frage nach der Größe und der Häufigkeit der Hochwässer von Flüssen und Strömen eine stets wachsende Rolle. Waren es vorerst nur die von den Hochfluten direkt bedrohten Uferbewohner und die Schiffsleute, welche daran Anteil nahmen, so erstreckt sich heute der Interessentenkreis auf alle Zweige der Wasserwirtschaft.

Hochwasserereignisse waren auch hauptsächlich der Grund, daß an den wichtigsten Flüssen mit der regelmäßigen Beobachtung der Wasserstände begonnen wurde. Leider besitzen wir von der Donau in Österreich erst ab 1821 zusammenhängende Aufzeichnungen der Pegelstände, und zwar von Linz. Der genaue Zeitpunkt, wann die ersten täglichen Ablesungen erfolgten, kann nicht bestimmt werden; ebenso bleibt die Frage offen, ob sich der erste Donaupegel in Linz oder in Wien befand. Es steht jedenfalls fest, daß beide Pegel schon früher beobachtet wurden. In einem 1875 gehaltenen Vortrag bedauerte der bekannte Hydrotekt Gustav von WEX, daß man die älteren, vielleicht hundert und noch mehr Jahre zurückreichenden Aufzeichnungen am Donaupegel bei Wien als unnützes Papier vernichtet habe. Die Hydrographie muß sich jedoch mit der Tatsache abfinden, daß für bestimmte Untersuchungen, beispielsweise über die Hochwässer, für die möglichst lange Beobachtungsreihen eine Voraussetzung sind, bestenfalls eine 135jährige Wertefolge zur Verfügung steht.

Über 100jährige Wasserstandsaufzeichnungen liegen noch für mehrere andere Donauprofile vor, denn am 1. Dezember 1853 wurde die einheitliche Rektifikation von 17 Pegeln nach dem Nullpunkt des Pegels an der großen Donaubrücke bei Wien angeordnet. Nach diesem Zeitpunkt erfuhren die meisten Donaupegel keine Änderung mehr, so daß spätere Beobachtungslücken mit Hilfe von Bezugslinien leicht überbrückt werden können. Im Jahre 1893 wurde dann endlich der staatliche hydrographische Dienst gegründet und somit eine einheitliche Organisation geschaffen, der von da ab sämtliche hydrographischen Aufgaben unterstehen sollten. Das Hydrographische Zentralbüro als oberste Behörde war sich dabei sofort der großen Bedeutung des Hochwasserproblems bewußt und widmete

dieser Frage bereits einige grundlegende Werke. Besondere Erwähnung
verdienen hier die noch öfter zitierten Monographien über die Hochwasserkatastrophen 1897, 1899 und 1954, welche die drei größten Ereignisse der letzten sechs Jahrzehnte eingehend behandeln, sowie die
Studie über den Schutz Wiens vor den Hochfluten des Donaustromes *.

Beim Studium der Donauhochwässer sind demnach drei Zeitabschnitte
zu beachten, und zwar die Zeit vor 1821, aus der nur einzelne, in
Chroniken angeführte und eventuell noch durch Hochwassermarken festgehaltene Hochfluten bekannt sind, dann der Abschnitt 1821—1892, in
dem bereits regelmäßige Wasserstandsbeobachtungen, jedoch noch keine
Abflußmessungen und Untersuchungen angestellt wurden, und endlich die
Zeit ab 1893, für die genaue und ausführliche Messungen und Studien
vorliegen. In den ersten zwei Kapiteln dieses Heftes soll nun eine allgemeine Beschreibung der wichtigsten Donaufluten bis 1950 erfolgen,
während im dritten Kapitel die Hochwasserereignisse der letzten Jahre,
insbesondere die große Hochflut vom Juli 1954, besprochen werden. Den
Abschluß bildet dann die statistische Betrachtung des Problems der
Hochwasserhäufigkeit.

---

* Beiträge zur Hydrographie Österreichs:
Heft Nr. 2: Die Hochwasserkatastrophe des Jahres 1897. Wien 1898;
Heft Nr. 4: Die Hochwasserkatastrophe des Jahres 1899 im österreichischen
Donaugebiet. Wien 1900;
Heft Nr. 9: Der Schutz der Reichshaupt- und Residenzstadt Wien gegen die
Hochfluten des Donaustromes. Wien 1908;
Heft Nr. 29: Das Julihochwasser 1954 im österreichischen Donaugebiet. Wien 1955.

I. Die historischen Hochwässer bis zum Beginn regelmäßiger Wasserstandsbeobachtungen

Vom Standpunkt der statistischen Hydrographie aus, die allein gewisse Maßzahlen für die Eintreffwahrscheinlichkeit eines bestimmten Ereignisses zu geben imstande ist, sind nur jene Hochwässer von Interesse, deren Höhe möglichst genau bekannt ist und die sich daher zu einem Kollektiv zusammenfassen lassen. An sich bedeutet es schon eine wesentliche Einschränkung der Genauigkeit, wenn als Ordnungsgröße der Wasserstand und nicht die ein absolutes Maß darstellende Durchfluß-

Abb. 1

Raiffeisenhof in Linz mit Hochwassermarken der Jahre 1501 und 1954

menge zugelassen wird. Es ist jedoch begreiflich, daß man bei den historischen Hochwässern nicht die Angabe der entsprechenden Abflußmengen verlangen kann, wo doch bestenfalls der Höchstwasserstand durch eine Hochwassermarke festgehalten ist. Eine Umsetzung der Wasserstände in Durchflußmengen, beipielsweise unter Verwendung des ältesten Pegelschlüssels, ist aber nicht möglich, da der Durchfluß namentlich bei Hochwässern ein derart komplizierter und von vielerlei Faktoren abhängiger Wert ist, daß mit ihm nur dann gerechnet werden kann, wenn die einschlägigen Verhältnisse bekannt sind. Man darf also bei den Hochwässern früherer Zeiten nicht mehr erwarten, als daß auf Grund der

Überlieferungen ihre Größenordnung anzugeben möglich ist; dies bilde auch die Voraussetzung für eine Aufnahme in diesem Abschnitt.

Durch die letztangeführte Bedingung fallen fast alle Hochwasserereignisse der Vergangenheit, die lediglich in den Chroniken erwähnt sind, aus dem Rahmen der Betrachtung. Wohl aber sind jene Hochwässer hier aufgenommen, für die der Chronist die ungefähre Höhe des Wasserstandes in einem bestimmten Flußprofil angibt. Sie können zwar für

Abb. 2

Gedenktafel für das Hochwasser 1501 (Detail zu Abb. 1)

die allgemeine statistische Behandlung nicht herangezogen werden, jedoch zur Beurteilung der Eintrittswahrscheinlichkeit eines Katastrophenfalles, da sie oft wertvollen Aufschluß über die Entstehung eines Donauhochwassers geben. Wenn auch die ältesten Aufzeichnungen nicht weiter als bis ins 11. Jahrhundert zurückreichen, so wäre bei einigermaßen exakten Angaben ein Zeitraum von fast einem Jahrtausend erfaßt, innerhalb dessen eine große Anzahl von Kombinationen der Entstehungsursachen möglich ist. Leider erfüllen die Chroniken allein nur in wenigen Fällen diese Erwartungen; immerhin erkennt man bei ihrem Studium unter anderem, daß es wohl kaum zwei Hochwasserwellen gegeben hat, die vollständig gleichartig verlaufen sind. Diese Tatsache wird auch erklärlich, wenn man bedenkt, wie vielerlei Faktoren beim Entstehen und beim weiteren Verlaufe einer Hochflut beteiligt sind.

Sind also bereits solche Angaben von Chronisten, die einen bestimmten Schluß auf die Größe und die Entstehungsursachen der früheren Hochwässer zulassen, von unbestreitbarem Wert, so trifft dies noch mehr auf Hochwassermarken zu, die derartige Ereignisse festgehalten haben.

Abb. 3

Schwibbogen in Mauthausen mit verschiedenen Hochwasser-marken

Dabei muß bemerkt werden, daß die aus früherer Zeit stammenden Hochwassermarken ihrer Höhenlage nach fast sicherer sind als die der neueren Zeit. Der Grund dürfte darin zu suchen sein, daß früher dem Setzen und der Ausstattung solcher Gedenkzeichen viel mehr Sorgfalt, ja Kunstsinn zugewendet worden ist als heutzutage. Die ersten Hochwassermarken beziehen sich bei uns auf das denkwürdigste Ereignis vieler Jahrhunderte, wenn nicht Jahrtausende, nämlich auf das Hochwasser des Jahres 1501; neben der Kunstfreudigkeit jener Zeit mag also auch die außerordentliche Größe der Katastrophe dazu beigetragen haben, daß gerade diese ersten Zeichen schön ausgeführt wurden. Dem manchenorts gegenüber der unbedingten Verläßlichkeit der Höhenmarken herrschenden Zweifel kann nicht beigepflichtet werden, obwohl zugegeben und berücksichtigt werden muß, daß diese Marken eher zu hoch als zu niedrig angebracht wurden. Das rührt daher, daß sie nicht während der Kulmination, sondern in der Regel erst nach Ablauf der Hochflut angebracht werden konnten: Wenn

daher versäumt wurde, den Scheitelwasserstand durch ein provisorisches
Zeichen, eventuell durch eine Kerbe festzuhalten, konnte die Höhenmarke
leicht zu hoch angebracht werden, da sich die Benetzungsgrenze am
Mauerwerk infolge der Hygroskopizität in die Höhe zog.

Abb. 4

Hochwasser-
marken unter
dem Schwibbogen
(Detail zu
Abb. 3)

Bedauerlicherweise ist später auf die Anbringung derartiger Gedenkzeichen nicht das gleiche Augenmerk gerichtet worden, so daß sich bis
gegen Ende des 18. Jahrhunderts immer weniger verläßliche Hochwassermarken vorfinden, obwohl die Chroniken von vielen Überschwemmungs-
katastrophen berichten. Dabei fällt auch auf, daß den Winterhochwässern,
namentlich den Eisstoßhochwässern, vielenorts weit mehr Beachtung

geschenkt wurde als den Sommerhochwässern, wohl aus dem Grunde, weil die aus Eisversetzungen herrührenden Überflutungen seit jeher in ihrem Entstehen und in ihren Auswirkungen unberechenbarer und daher auch gefürchteter waren.

Ein großer Teil dieser Hochwassermarken, von denen einige hier abgebildet sind, befindet sich im Raume von Linz und von Stein-Krems, d. h. im Bereich der zwei größten Siedlungen des Donautales außer Wien. Glücklicherweise liegen diese Orte gerade an Flußstrecken, die infolge der geologischen Verhältnisse von Natur aus fixiert sind, weshalb sich die über einen langen Zeitabschnitt erstreckenden Hochwasserangaben ohne weiteres miteinander vergleichen lassen. Bei Linz und bei Stein-Krems wurden dann auch die ersten Pegel gesetzt, deren spätere systematische Beobachtungen in Beziehung zu den Hochwasserständen der früheren Jahrhunderte gebracht werden können und solcherart eine Abschätzung und gewisse Einstufung der durch Gedenkmarken festgehaltenen, längst verflossenen Ereignisse erlauben. Selbstverständlich haftet diesen Ergebnissen eine bestimmte unvermeidliche Ungenauigkeit an, die aber die zulässigen Grenzen im allgemeinen nur dann überschreitet, wenn man die Relationen auch auf Hochwassermarken oder Pegel ausdehnt, die in unbeständigen und dauernden Veränderungen unterworfenen Flußabschnitten liegen. So hatte die Donau in früheren Zeiten besonders in den sogenannten Becken sehr verwilderten Charakter und spaltete sich meist in mehrere Arme. Namentlich im Bereiche von Wien konnte man bis in die zweite Hälfte des 19. Jahrhunderts von einem eigentlichen Donaubett überhaupt nicht sprechen, denn durch die vielen Eisgänge und Überflutungen wurde bald der eine, bald der andere Arm zum Hauptbett. Erst durch die große, nach dem Katastrophenhochwasser 1862 immer stürmischer geforderte Regulierung von 1869 bis 1876 wurde dann endlich ein bleibendes Strombett geschaffen, was auch der Grund sein mag, daß im Wiener Raume überhaupt keine Hochwassermarken aus früheren Jahrhunderten vorhanden sind.

Aus dem ersten Jahrtausend nach Christi Geburt ist uns kein einziger Bericht eines Chronisten über ein Donauhochwasser, über seine Größe oder seine Folgen bekannt. Die älteste Kunde über eine Hochflut stammt erst aus dem Jahre 1012, doch wird nur von den verheerenden Folgen berichtet, ohne jede Maßzahl, die einen bescheidenen Anhaltspunkt für einen Vergleich mit späteren Hochwassererscheinungen bieten könnte. Ebenso verhält es sich mit den späteren Meldungen über Hochwässer, denen bestenfalls vereinzelte Anmerkungen beigegeben sind, daß die Flut die Höhe der Bäume bei Melk oder den Bogen der steinernen Brücke bei Regensburg usw. erreicht habe, also Anmerkungen, die keinen halbwegs verläßlichen Schluß auf die Höhe des Wasserstandes zulassen. Immerhin ist von den größten Hochfluten der folgenden Jahrhunderte,

Abb. 5

Gemeindehaus
in Ybbs mit
Hochwasser-
Gedenktafel

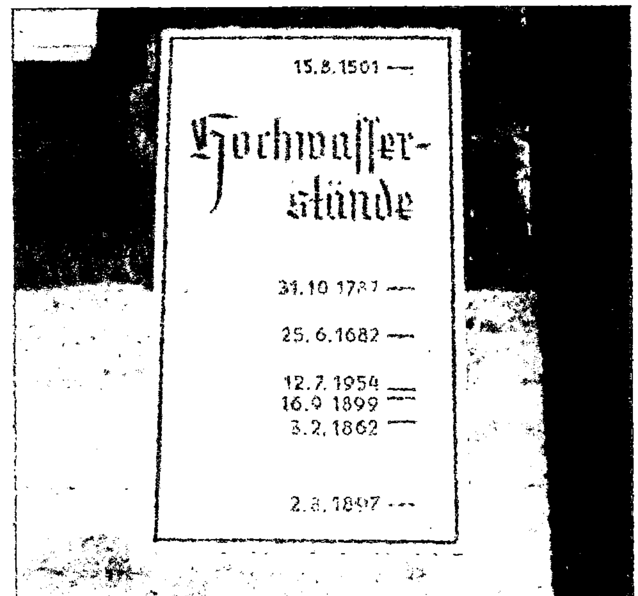

Abb. 6

Hochwasser-
Gedenktafel
(Detail zu
Abb. 5)

d. h. von jenen der Jahre 1210, 1344,1402, 1466, 1490 und 1499 bekannt,
daß es sich hierbei um Sommerhochwässer gehandelt hat, die vermutlich
den Katastrophenfluten von 1899 und 1954 gleichgekommen sein mögen.
Zu einer noch so oberflächlichen statistischen Zusammenstellung reichen
diese Angaben jedoch nicht aus und sie finden daher auch keine weitere
Erwähnung oder gar Verwendung. Wer sich für bestimmte Einzelheiten,
insbesondere aber für die vielen geringeren Hochfluten bis zum Beginn
der regelmäßigen Wasserstandsbeobachtungen an der Donau interessiert,
findet in der Studie des Hydrographischen Zentralbüros über den Schutz
der Reichshaupt- und Residenzstadt Wien gegen die Hochfluten des
Donaustromes manches Wissenswerte und möge dort nachschlagen.

Das zweifellos größte Hochwasser der letzten fünf Jahrhunderte und
wahrscheinlich des ganzen Jahrtausends war jenes vom August 1501, das
durch die ersten und schönsten Hochwasserzeichen derart gut markiert
ist, daß sich sein Verlauf für die ganze österreichische Donaustrecke
rekonstruieren läßt und ein höhenmäßiger Vergleich mit den Hochfluten
der letzten Jahrzehnte gut möglich ist. Darüber wurde seinerzeit sehr
viel geschrieben und diskutiert, bis auch hier durch eingehende Untersuchungen des Hydrographischen Zentralbüros endlich Klarheit geschaffen
wurde *. Nach diesen Studien kann heute als feststehend angenommen
werden, daß die Höchstwasserstände des Jahres 1501 bei Engelhartszell
um mehr als 2 m, bei Linz um mehr als 1 m, bei Grein sogar um mehr
als 3 m und bei Stein-Krems sowie bei Wien-Nußdorf um fast 2 m über
jenen vom Juli 1954 lagen. Das geringere Überschreitungsmaß bei Linz
ist wohl darauf zurückzuführen, daß die Donau dort genügend Raum
zur Ausbreitung fand und sich die Spitze daher verflachte. Die meteorologischen Ursachen dieser ungeheuren Naturkatastrophe dürften in der
intensiven Überregnung des gesamten Donaugebietes, und zwar sowohl
der bayrischen Donau wie auch des Inns, der Traun und der Enns zu
suchen sein, wobei der Schwerpunkt der Niederschlagstätigkeit in zeit-
licher Hinsicht ungefähr parallel zum Hochwasserverlauf von West nach
Ost wanderte, so daß sich die Scheitelabflüsse der wichtigsten Zubringer
praktisch superponierten. Eine derartige Entwicklung der Wetterlage ist
aber jederzeit denkbar und hätte auch im Juli 1954 ohne weiteres erfolgen
können, was vor allem im niederösterreichischen Donaugebiet zu einer
Katastrophe geführt hätte.

Die Frage, ob die vor dem Jahre 1501 abgelaufenen Hochwässer
nicht höhere Wasserstände aufgewiesen hätten, ist nur sehr schwer zu
beantworten. Zweifellos könnten vor 1501 noch größere Überflutungen
stattgefunden haben, denn jedes bekannte ungünstigste Ereignis kann

---

* C. G r ü n h u t : Betrachtungen zum Hochwasserschutz der Stadt Wien.
Die Wasserwirtschaft, Jg. 1928, Nr. 6—8.

durch ein noch ungünstigeres übertroffen werden. Ein Beweis, ja selbst eine stichhältige Vermutung dafür liegt jedoch nicht vor, und auch die Berichte der Chronisten scheinen dem entgegenzustehen. Demnach kann das Hochwasser des Jahres 1501 mit einer gewissen Berechtigung als das größte des zweiten Jahrtausends n. Chr. und mit großer Wahrscheinlichkeit überhaupt als das größte in historischer Zeit bekannte Hochwasserereignis der Donau angesehen werden. Nach den erwähnten Berechnungen des Hydrographischen Zentralbüros dürfte dabei die maximale Durchflußmenge bei Linz zirka 12.000 m³/s und bei Wien zirka 14 000 m³/s betragen haben. Es ist hier nicht der Platz, weitreichende Betrachtungen über die Wahrscheinlichkeit des Wiederauftretens einer derartigen Hochflut in Verbindung mit dem Schutz der Städte Linz und Wien anzustellen. Das Hydrographische Zentralbüro hat in seiner bereits angeführten Studie von 1908 diese Frage in objektiv wissenschaftlicher Weise studiert und auf den unzureichenden Hochwasserschutz der Bundeshauptstadt Wien hingewiesen. Darüber hinaus erfolgten sogar sehr konkrete Vorschläge, wie das unbefriedigende Durchflußvermögen der Donau im Profil Wien auf die zweckmäßigste Art zu erhöhen und solcherart einer allgemeinen Unsicherheit abzuhelfen wäre. Daher besteht absolut kein Anlaß, diesen heute noch gültigen Ausführungen weitere Worte beizufügen.

Es wurden übrigens auch 1572 an der Enns, 1594 an der Traun und 1598 am Inn die höchsten bisher bekannten Wasserstände verzeichnet, die durch mehrere Hochwassermarken an diesen Flüssen festgehalten sind. Besonders hervorzuheben wäre dabei die Hochwasserkatastrophe vom August 1598, die vor allem durch die Salzach und den Inn verursacht wurde. Aus den zahlreichen am Inn vorhandenen Hochwassermarken kann geschlossen werden, daß der Höchstwasserstand in der Mündungsstrecke des Inns bei Schärding mehr als einen Meter über jenem des Jahres 1899 lag und in der Folgezeit auch nicht mehr erreicht wurde. Wenn auch an der Donau selbst keine Gedenkzeichen von dieser Hochflut bekannt sind, so ist sie bezüglich der oberösterreichischen Donaustrecke doch zumindest in die Kategorie der Hochwässer 1899 und 1954 einzureihen. Vermutlich gilt dies auch für die niederösterreichische Donaustrecke, da zur selben Zeit auch die Traun und Enns außerordentliche Hochwässer aufwiesen. Man wird wohl nicht sehr fehlgehen, wenn der Mangel an Aufzeichnungen über dieses Hochwasser im Donautal den damaligen unruhigen Zeiten am Vorabend des Dreißigjährigen Krieges zugeschrieben wird. Dasselbe gilt wahrscheinlich auch für das Hochwasser des Jahres 1606, das am Inn bei Schärding einen Pegelstand hervorrief, der noch 0,77 m über dem vom September 1899 lag. Vermutlich klang aber die Flutwelle donauabwärts rasch ab, da nur noch aus dem Traungebiet eine spärliche Meldung darüber vorliegt.

Auch die beiden größten Hochwässer der Donau im 17. Jahrhundert, nämlich jene vom Juli 1670 und Juni 1682, dürften mit den Hochfluten der Jahre 1899 und 1954 zu vergleichen sein. Während man auf den Kulminationswasserstand des Hochwassers 1670 nur aus Berichten — wenn auch ziemlich sicher — schließen kann, sind aus dem Jahre 1682 Gedenkmarken vorhanden, denen zufolge der Pegelstand von 1899 bei Ybbs um rund einen halben Meter überschritten wurde. Dazu dürfte auch die bayrische Donau, beim Hochwasser 1670 dagegen die Traun und Enns merklich beigetragen haben.

Das 18. Jahrhundert verdient wiederum besondere Beachtung, weil zwei aufeinanderfolgende Jahre, 1786 und 1787, ungeheure Donauhochwässer brachten, von denen das von 1787 die höchsten Wasserstände seit 1501 hervorrief und bei den späteren Diskussionen und Untersuchungen auch eine ähnlich wichtige Rolle als Vergleichsmaßstab spielte. Schon zu Beginn des Jahrhunderts, im Juli 1705, war ein bedeutendes, hauptsächlich durch den Inn verursachtes Hochwasser zu verzeichnen, das jedoch erst durch die Zuflüsse der Traun und der Enns ein ähnliches Ausmaß wie 1899 und 1954 erreichte. Erwähnt seien noch die beiden Hochfluten von 1730 und 1736, von denen die erste besonders im Raum von Wien verheerende Folgen hatte, während die zweite an der Enns die höchsten Kulminationen seit 1572 hervorrief. Beide Ereignisse kamen aber an die Donauhochwässer von 1899 und 1954 nicht heran.

Die Hochwasserkatastrophen von 1786 und 1787 stehen an Denkwürdigkeit der Katastrophe von 1501 nur wenig nach, und eine große Anzahl von Gedenkmarken gestattet eine verläßliche Rekonstruktion des Flutwellenablaufes. Eigentlich muß von drei Hochwässern gesprochen werden, denn der ersten Hochflut vom Juni 1786 folgte bereits zwei Monate später eine zweite, nur um weniges geringere. Es verdient festgehalten zu werden, daß das Hochwasser vom Juni 1786 im Donaugebiet oberhalb der Traun- und Ennsmündung manchenorts sogar höhere Wasserstände zur Folge hatte als jenes vom Jahre 1787. Auch die zweite Hochwasserwelle vom August 1786 dürfte in der oberösterreichischen Donaustrecke noch die Pegelstände des Jahres 1899 erreicht haben. Flußabwärts von Mauthausen findet sich jedoch nur noch eine unsichere Wassermarke vom Junihochwasser, so daß anzunehmen ist, daß beide Flutwellen infolge mäßigen Zuflusses aus Traun und Enns unterhalb dieser Zubringer verhältnismäßig rasch abklangen. Aus dieser Tatsache geht wieder einmal der trotz ihrer kleinen Einzugsgebiete außerordentliche Einfluß der Traun und der Enns hervor.

Ende Oktober/Anfang November 1787 wurde das ganze Donaugebiet von der größten Hochwasserkatastrophe seit 1501 heimgesucht. Da in der niederösterreichischen Donaustrecke die Kulmination dieser Hochflut um den 1. November herum erreicht wurde, spricht man meist vom

„Allerheiligenhochwasser 1787", wodurch auch das außergewöhnliche Auftreten zu einer Zeit, in der die Donau im allgemeinen bereits Niederwasser führt, zum Ausdruck kommt. Für Oberösterreich kann dieses Hochwasser ungefähr dem zuletzt abgeflossenen von 1954 gleichgesetzt werden. Unterhalb von Mauthausen bewirkten jedoch die außerordentlich starken Zuflüsse von Traun und Enns ein weiteres Ansteigen der Flutwelle, so daß die Pegelstände vom Juli 1954 in mehreren Teilstrecken um mehr als 1 m überschritten wurden, wie aus der auf Seite 64 gebrachten Abb. 29 auch deutlich hervorgeht. Es muß daher nicht verwundern, wenn diese Hochflut von 1787 die erste ist, von der längs der ganzen Donaustrecke bis hinunter nach Hainburg Hochwassermarken zeugen. Die im Bereiche und unterhalb Wiens angezeigten Wasserstandshöhen können natürlich mit den heutigen Pegelständen nicht verglichen werden, da die Abflußverhältnisse durch die große Donauregulierung maßgebend verändert wurden. Wenn man jedoch bedenkt, daß zur Zeit der Kulmination bei Stein-Krems sicherlich mehr als 12 000 m³/s abgeflossen sind, kann man sich ungefähr ein Bild vom Ausmaß der damaligen Überflutung im niederösterreichischen Raume machen. Die maximale Durchflußmenge bei Wien läßt sich nur ungefähr angeben, da der Einfluß des Tullner Feldes rückwirkend schwer abgeschätzt werden kann. Das Hydrographische Zentralbüro hat mit Hilfe fortschreitender Relationen dafür Werte erhalten, die zwischen den verhältnismäßig engen Grenzen von 11 650 bis 11 900 m³/s liegen. Diese Werte sowie die klassische Art ihrer Ermittlung müssen auch heute noch anerkannt werden.

Schließlich soll noch wegen des etwas außergewöhnlichen Datums das Hochwasser vom Jänner 1820 erwähnt werden, das bei Mauthausen einen Wasserstand hervorrief, der nicht weit unter jenem des Jahres 1954 lag. Da jedoch weder aus dem ansonsten mit Gedenkzeichen reich versehenen Traun- und Ennsgebiet, noch aus der Donaustrecke flußabwärts eine Wassermarke bekannt ist, dürfte diese Flutwelle rasch abgeebbt sein.

Außer bei den hier angeführten größten Hochfluten traten in einzelnen Donauabschnitten zwischendurch aber oft noch höhere Pegelstände als Folge der zahlreichen Eisstöße auf, so namentlich in den Jahren 1573, 1595, 1622, 1682, 1740, 1768, 1784, 1789, 1795 und 1809, aus denen Staumarken vorhanden sind. Eine Reihe von Gedenkmarken zeugt davon, daß manche Orte besonders stark darunter zu leiden hatten. So erreichte beispielsweise das Stauwasser bei Mauthausen, wie aus den auf Abb. 3 und 4 ersichtlichen Hochwassermarken hervorgeht, im Jänner 1682 fast dieselbe Höhe wie die große Hochfllut von 1787. Am meisten zu leiden hatte die Bevölkerung des Donautales aber wohl im 18. Jahrhundert, in dem an zehn außerordentlich große Eisstöße zu verzeichnen waren, von denen einige, wie z. B. jener von 1768, ganze Siedlungen oder Stadtteile

mit dem Untergang bedrohten. Oft stießen die nachfolgenden Schmelzwässer auf die Eisbarrieren und bewirkten ein weiteres Ansteigen des
Wasserspiegels mit neuen Zerstörungen. Im 19. Jahrhundert nahm die
Zahl der Eisstöße nicht zuletzt infolge der umfangreichen Regulierungs-
arbeiten an der Donau und an ihren großen Zubringern dann ständig
ab, und erst heute tritt durch die Kraftwerksbauten wieder ein ver-
schärfendes Element ein.

Zurückblickend sticht aus dem durchstreiften Zeitabschnitt bis zum
Beginn regelmäßiger Pegelbeobachtungen somit das 16. Jahrhundert als
besonders hochwasserreich hervor und hat auch das höchste bisher bekannte Hochwasser von 1501 zu verzeichnen. Aber auch das 18. Jahrhundert nimmt eine Sonderstellung ein, denn es hat nicht nur die meisten
Eisstöße, sondern auch die zweitgrößte Hochflut, jene von 1787, aufzuweisen. In der auf Seite 64 gebrachten Abb. 29 sind diese beiden
Hochwässer auf das Wasserspiegelniveau des Julihochwassers 1954 bezogen
und können mit den späteren Hochfluten verglichen werden. Diese Darstellung unterstreicht die Bedeutung und die Größe der beiden Hochwässer besser, als es weitere Worte vermöchten.

II. Die Hochwässer der Donau von 1821—1950

Wie schon in der Einleitung erwähnt, liegen vom Jahre 1821 an laufende Beobachtungen der Wasserstände an der Donau bei Linz vor. 1828 wurde dann auch bei Stein-Krems und Wien und bald darauf in einer Reihe anderer Stationen mit Aufzeichnungen begonnen. Von dieser Zeit an können daher die Hochwässer während ihres ganzen Ablaufes genau verfolgt werden. Ebenso liegen aus dem 19. Jahrhundert bereits gute meteorologische Beobachtungen vor, so daß im folgenden auch die Frage nach den Ursachen der Hochfluten beantwortet werden kann. Trotzdem ist ein Vergleich der früheren Hochwässer mit den zuletzt abgeflossenen für einige Profile sehr schwierig, da die vor der Herausgabe einer einheitlichen Vorschrift durchgeführten ersten Wasserstandserhebungen erst nach Rektifikation mit den späteren in Beziehung gebracht werden dürfen. Das gilt insbesondere für die Beobachtungen der ersten drei Jahrzehnte, da während dieser Zeit vermutlich kleinere, nicht mehr bekannte Höhenverschiebungen der Nullpunkte einiger Pegel erfolgten. Glücklicherweise berechtigen jedoch mehrere Anhaltspunkte zur Annahme, daß wenigstens die drei als Maßstab dienenden sogenannten Hauptpegel Linz, Stein-Krems und Wien-Nußdorf, auf welche die späteren Untersuchungen hinsichtlich der Häufigkeit der Donauhochwässer ebenfalls abgestimmt sind, von solchen unkontrollierten Veränderungen ihrer Höhenlage verschont blieben. Erst am 1. Dezember 1854 und nochmals am 1. November 1939 wurden im Zuge einer generellen „Regulierung der Pegelnullpunkte" auch sie betroffen. Die Originalwasserstände vor dem 1. November 1939 müssen daher bei einem Bezug auf die heutigen Pegellagen korrigiert werden. Selbstverständlich sind bei einigermaßen genaueren Untersuchungen darüber hinaus noch die Veränderungen des Flußbettes zu berücksichtigen.

Zieht man nun alle Umstände in Betracht, so erhält man nach langwierigen Vorarbeiten, auf die später noch hingewiesen wird, für die 25 bedeutendsten Hochwässer seit 1821 die in Tabelle I angeführten, nach der Größe geordneten Höchstdurchflußmengen, die ein absolutes Maß darstellen und daher für einen Vergleich erst geeignet sind. Gewisse Abweichungen gegenüber früher angegebenen Werten sind darauf zurückzuführen, daß während des Hochwassers 1954 mehrere Abflußmessungen gemacht wurden, die im Verein mit den in weiteren Profilen vorgenommenen ergänzenden Erhebungen endlich die genaue Angabe der Hochwassermengen für jede Teilstrecke erlauben. Die dabei angestellten Untersuchungen vermittelten vor allem auch ein genaueres Bild von der bisher meist unterschätzten Wirkung der Inundationsräume. Schließlich sei noch vorweggenommen, daß für die bedeutendsten der nachfolgend beschriebenen Hochwässer jeweils auch eine zeichnerische Darstellung des Flut-

Tabelle I
Die größten Hochwässer der Donau in Österreich 1821—1955

Lauf. Nr.	Profil Linz (E = 79.490,1 km²)		Profil Stein-Krems (E = 96.029,9 km²)		Profil Wien-Nußdorf (E = 101.700,0 km²)	
	Datum	Q in m³/s	Datum	Q in m³/s	Datum	Q in m³/s
1	11. 7. 1954	8800	17. 9. 1899	11.200	18. 9. 1899	10.500
2	16. 9. 1899	8500	4. 2. 1862	10.500	4. 2. 1862	9864
3	3. 2. 1862	7960	13. 7. 1954	10.200	14. 7. 1954	9600
4	2. 8. 1897	6385	2. 8. 1897	9900	3. 8. 1897	9422
5	3. 6. 1940	6380	4. 1. 1883	8520	5. 1. 1883	8160
6	9. 9. 1920	6230	9. 6. 1892	8340	11. 9. 1920	7985
7	3. 2. 1923	5380	10. 9. 1920	8300	11. 6. 1892	7940
8	4. 9. 1890	5360	5. 9. 1890	8070	7. 9. 1890	7765
9	4. 1. 1948	5358	4. 2. 1923	7760	6. 2. 1923	7465
10	10. 7. 1946	5152	30. 12. 1882	7100	31. 12. 1882	6900
11	3. 1. 1883	5100	17. 8. 1880	6800	12. 6. 1829	6670
12	25. 5. 1949	5095	16. 8. 1949	6780	18. 8. 1949	6550
13	18. 7. 1948	4895	7. 6. 1829	6650	8. 6. 1829	6520
14	25. 11. 1944	4810	4. 6. 1940	6600	5. 6. 1940	6500
15	2. 8. 1924	4760	11. 7. 1955	6510	12. 7. 1955	6396
16	29. 8. 1925	4728	5. 1. 1917	6450	6. 1. 1948	6376
17	14. 8. 1896	4686	11. 7. 1903	6445	5. 8. 1833	6358
18	14. 2. 1945	4630	11. 6. 1829	6435	18. 8. 1880	6340
19	11. 7. 1955	4564	5. 1. 1948	6430	26. 5. 1949	6150
20	14. 7. 1909	4555	4. 8. 1833	6400	12. 7. 1903	6125
21	12. 4. 1944	4548	29. 8. 1925	6292	21. 4. 1944	6092
22	2. 5. 1924	4545	27. 5. 1928	6276	5. 1. 1917	6090
23	3. 1. 1917	4544	17. 9. 1912	6236	28. 5. 1928	6062
24	5. 11. 1824	4540	27. 5. 1912	6200	18. 9. 1912	6057
25	2. 12. 1939	4506	25. 5. 1949	6180	3. 8. 1926	6022

wellenverlaufes beigegeben wird, worin die Wasserstände auf die heutigen Pegelnullpunkte bezogen sind.

Chronologisch gesehen, ist das erste bemerkenswerte Hochwasserereignis in der betrachteten Zeitspanne jenes vom Juni 1829, und zwar weniger seiner Größe wegen — es gehört nicht einmal zu den zehn größten Hochfluten in Tabelle I —, als deshalb, weil dabei innerhalb von nur fünf Tagen zwei ungefähr gleich große Flutwellen auftraten. Hervorgerufen wurde das Hochwasser hauptsächlich durch die Enns, deren Kulminationswasserstände um mehr als 1,5 m über jenen vom Juli 1954 und nur wenig unter jenen des Jahres 1899 lagen. Diese Wassermassen der Enns überlagerten sich mit einem gewöhnlichen Hochwasser der Donau, das wiederum in erster Linie durch die Salzach verursacht wurde. Aus diesem Grunde scheint in der Tabelle das Hochwasser 1829 bei Linz überhaupt nicht auf, während es für die Profile Stein-Krems und Wien einen ziemlich hohen Rang einnimmt. Übrigens ist diese Verschiebung der Rangordnung bezüglich oberösterreichischer oder niederösterreichischer Donaustrecke infolge der Traun-Enns-Welle bei manchen Hochwässern auch in umgekehrter Richtung zu beobachten, was aus Tabelle I sehr deutlich hervorgeht. Dem Hydrographen vermag daher allein schon diese einfache Übersicht sehr viel über die Entwicklung eines Hochwassers zwischen Linz und Wien zu sagen.

Die nächsten drei Jahrzehnte blieben bis auf eine nicht sehr bedeutende Flutwelle in der niederösterreichischen Donaustrecke im August 1833 von eigentlichen Hochfluten verschont, bis im Jahre 1862, und zwar noch in der kalten Jahreszeit, wieder eine außerordentliche Katastrophe eintrat. Wie aus Tabelle I ersichtlich, waren dabei in den Profilen Stein-Krems und Wien Spitzendurchflüsse zu verzeichnen, die sogar höher als die vom Juli 1954 lagen und die zweite Stelle in der Rangordnung einnehmen. Diese ausgesprochene Tauflut gab übrigens auch den Impuls zu einem weiteren Ausbau des Pegelnetzes, vor allem in Niederösterreich, wo die Folgen des Hochwassers geradezu verheerend waren. Im Wiener Becken besaß die Donau damals noch kein geregeltes Bett, sondern spaltete sich in mehrere Wasserläufe, so daß eine riesige Fläche der Überflutung preisgegeben war. Das schreckliche Ausmaß der Katastrophe war dann auch der Anlaß, daß die Donauregulierung bei Wien endlich als unaufschiebbar erkannt und schon wenige Jahre nachher durchgeführt wurde. So betrachtet, verdankt man dieses schöne und gelungene technische Werk der Hochflut von 1862, denn ohne ihr Auftreten hätte man sich vielleicht mit einer weniger großzügigen Lösung begnügt, und die Katastrophe beim Hochwasser 1899 wäre unabsehbar gewesen.

Der Witterungsverlauf war typisch für eine Tauflut. Am 30. Jänner 1862 setzten bei ansteigenden Temperaturen über dem ganzen Donaugebiet starke Regengüsse ein, welche die bereits vorhandene, ziemlich hohe Schneedecke zur Auflösung brachten und solcherart ungeheure Abflußspenden aus fast allen Einzugsgebieten zur Folge hatten. Die Niederschläge hielten, wenn auch vermindert, in den meisten Gebieten durch sieben Tage an, wobei beispelsweise im Altausseer Gebiet mehr als 300 mm verzeichnet wurden. Unglücklicherweise stiegen die Temperaturen im Osten nur langsam an, so daß die stärksten Zuflüsse aus den östlichen Gebieten, insbesondere jene aus dem Traun-, Enns- und Ybbsgebiet, verhältnismäßig spät, d, h. nur ungefähr einen Tag vor dem Durchgang der Donauwelle erfolgten und daher bereits auf hohe Donauwasserstände stießen. Da die Temperaturen selbst in den hohen Gebirgsstationen mehrere Tage über dem Gefrierpunkte verblieben, hielten die starken Abflüsse auch aus den Hochregionen fast unvermindert an, und es vereinigten sich die Taufluten aus allen Gebietsteilen mit den Regengüssen der letzten Tage. Dadurch trat — wie aus Abb. 7 zu ersehen — eine breite Welle und an vielen Pegelstellen der Donau derselbe Höchstwasserstand wie im Juli 1954 auf. Entsprechend Tabelle I betrug am 4. Februar 1862 die Durchflußmenge bei Wien-Nußdorf schließlich rund 10.000 m³/s, und man kann sich leicht ein Bild davon machen, welche Verheerungen die Wassermassen im ungeschützten Wiener Becken anrichteten.

Das nächste größere Hochwasser trat im August des Jahres 1880 auf, doch erstreckte es sich lediglich auf den niederösterreichischen Donauabschnitt, da es hauptsächlich durch die Traun und Enns verursacht wurde. Aber auch hier kann man die ihm entsprechende Durchflußmenge, obwohl sie damals weit überschätzt wurde *, durchaus nicht als außerordentlich hoch bezeichnen, denn für das Profil Stein-Krems liegt sie größenmäßig erst an elfter Stelle und für Wien-Nußdorf sogar noch weiter zurück.

Besondere Beachtung verdient dagegen die Hochflut vom Jänner 1883, die ebenso wie jene des Jahres 1862 eine Tauflut war. Allerdings unterscheidet sie sich von dieser sowohl in ihrer Entstehung wie auch in ihrem Ablauf sehr auffallend. Während das Hochwasser 1862 aus einer eindeutigen und ziemlich regelmäßigen Wetterentwicklung entstand und dementsprechend auch abfloß, lag der Hochflut von 1883 eine sehr komplizierte Wetterlage zugrunde, welche einen unübersichtlichen Verlauf mit mehrfacher Überlagerung der Wellen des Hauptstromes mit jenen der Zubringer bedingte. Charakteristisch ist dabei das Auftreten von zwei großen Donauwellen, deren erste noch in den Dezember 1882 fiel und daher bei einer oberflächlichen Betrachtung der Tabelle I als isoliertes Ereignis angesehen werden könnte. In Wirklichkeit bildete die Hochwasserwelle vom Dezember 1882, die in den Spalten für die beiden

---

* W e x : Über die Wirkungen der Donauregulierung bei Wien anläßlich des letzten strengen Winters und der Hochwässer im August 1880. Österreichische Eisenbahn-Zeitung, Jg. 1880, Nr. 48.

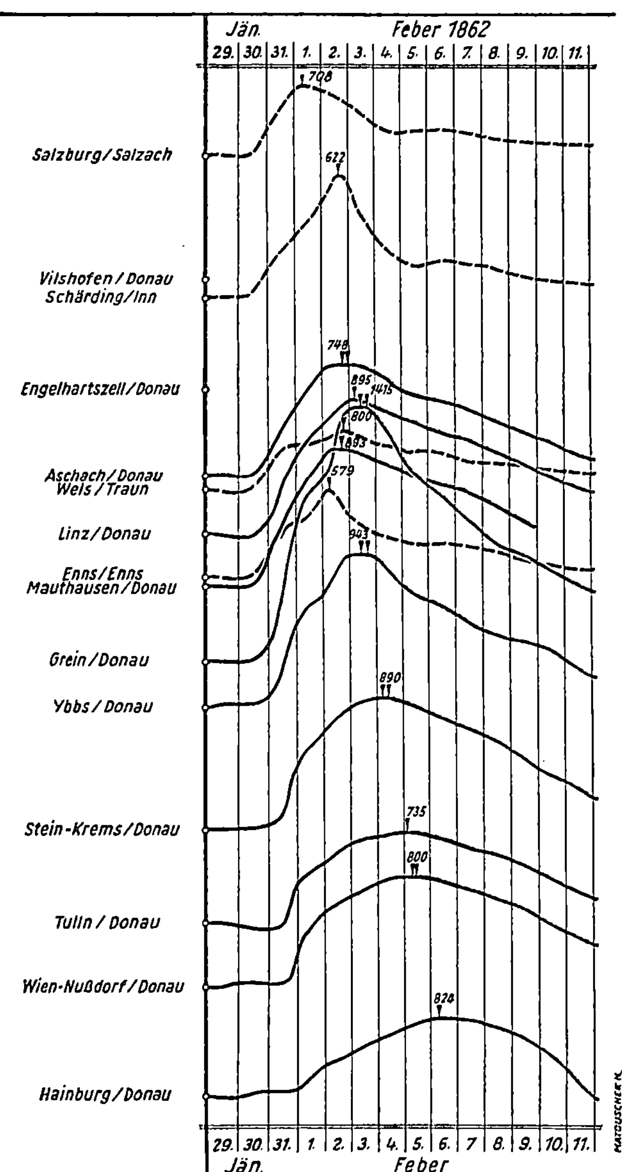

Abb. 7

Flutwellen-
verlauf im
Jänner/Februar
1862

Profile der niederösterreichischen Donau an zehnter Stelle aufscheint, mit
der größeren Welle vom Jänner 1883 jedoch ein zusammenhängendes
Ereignis. Lediglich für die Statistik sind es zwei getrennte Begebenheiten,
da für die statistischen Eigenschaften eines Kollektivs nur die zahlen-
mäßigen Größenwerte der Individuen, nicht aber ihre Reihenfolge maßgebend sind.

Einem nassen November, durch den die Wasseraufnahmefähigkeit des
Bodens beinahe erschöpft wurde, folgten vom 1. bis 25. Dezember 1882
stärkere Niederschläge, die im Flachland eine Schneehöhe von 10 bis
40 cm, in höheren Gebieten jedoch eine solche bis zu 200 cm herbeiführten. Am 26. Dezember trat dann über dem gesamten Donaugebiet
ein starker Temperaturanstieg ein, der bis zu Höhen von fast 1800 m
das Tagesmittel positiv gestaltete. Gleichzeitig erfolgten starke, teilweise
noch mit Schnee vermischte Regenfälle, die durch drei Tage anhielten
und im Verein mit den Schmelzwässern alle Bäche und Flüsse, insbesondere
die Traun, aber auch die bayrische Donau und den Inn mächtig anschwellen ließen. Glücklicherweise kamen dann bei mäßiger Abkühlung
drei fast niederschlagsfreie Tage, an denen eben jene Hochwasserwelle vom
Dezember 1882, die bei Linz aber hinsichtlich ihrer Größe noch nicht
so sehr in Erscheinung trat, abfloß. Die Traun und auch die Enns jedoch
verursachten eine sehr ausgeprägte, beachtliche Donauwelle, deren Scheitel
am 30. Dezember in Stein-Krems und am 31. Dezember 1882 in Wien-
Nußdorf eintraf. Mit 1. Jänner, manchenorts schon einen Tag früher,
setzten dann unter starkem Temperaturanstieg im Westen erneut heftige
Regenfälle ein, die in vielen Stationen größere Tageswerte als in der
Vorwoche ergaben. Natürlich führten nun alle Zubringer der Donau
starke Hochwässer, da sie noch von der Vorwelle her hohe Wasserstände
aufwiesen. Lediglich die bayrische Donau hatte etwas niedrigere Pegelstände als einige Tage zuvor zu verzeichnen, doch beharrten diese mehrere
Tage fast auf gleicher Höhe, wodurch praktisch eine Superposition der
Donau- und Innwelle eintrat. Trotzdem war die maximale Durchflußmenge bei Linz durchaus nicht übermäßig hoch und wurde bis 1954
noch neunmal übertroffen. Das mag daran liegen, daß sich die Niederschlagssummen sowohl im bayrischen Donau- wie auch im Inngebiet noch
in erträglichen Grenzen hielten. Das Maximum in der niederösterreichischen Donaustrecke wurde dann auch nicht durch die Innwelle, sondern
etwas früher, am 4. und 5. Jänner 1883, durch die beinahe gleichzeitig
eintreffende Traun- und Ennswelle und zum Teil noch durch die Ybbs
bestimmt. Die Tatsache, daß diese Donauwelle für die Strecke flußabwärts
der Ennsmündung größenmäßig trotzdem die fünfte Stelle in der Hoch-
wasserstatistik einnimmt, beweist wiederum den überragenden Einfluß
von Traun und Enns auf die Hochwasserentwicklung im unteren Donauabschnitt.

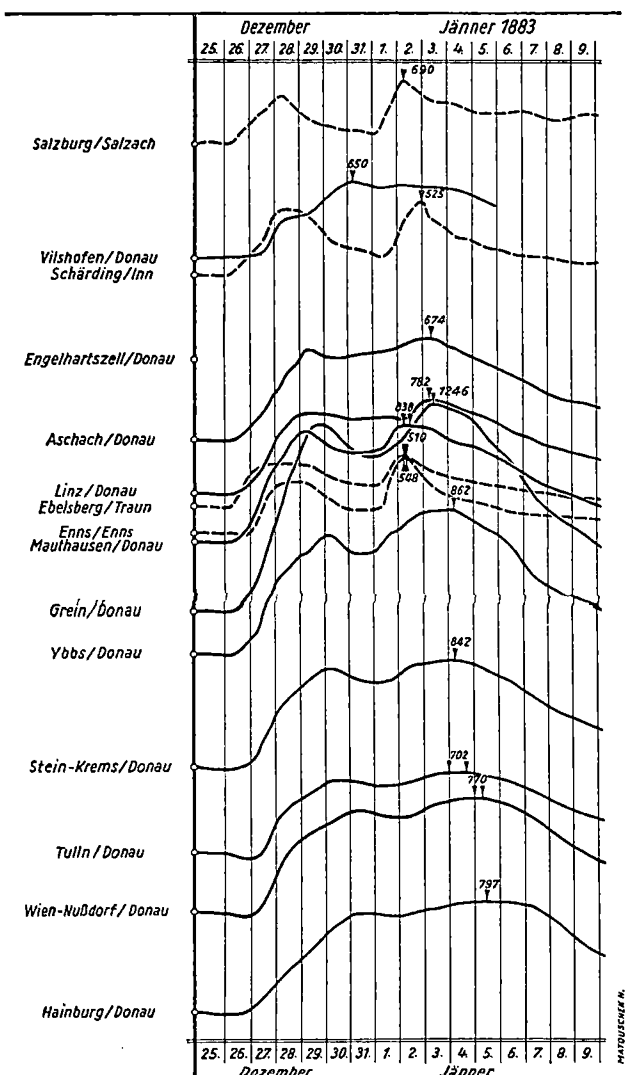

Abb. 8

Flutwellen-
verlauf im
Dezember 1882/
Jänner 1883

Anfang September 1890 gab es wieder ein Sommerhochwasser, das zwar nur den achten Rang unter den Hochwässern zwischen 1921 und 1955 einnimmt und keinen sonderlich ausgeprägten Charakter zeigte, aber aus einem anderen Grunde eine kurze Beschreibung verdient. Die Hochflut war nämlich nicht die Folge von verbreiteten Starkregen, wie es bei anderen großen Hochwässern zu beobachten ist, sondern wurde vielmehr fast nur durch ausgedehnte Landregen hervorgerufen, wobei allerdings die Gesamtregenhöhe für das ganze Donaugebiet bis Wien über jener während der Hochwasserkatastrophen 1899 und 1954 lag. Auf einen ca. dreitägigen Vorregen, von dem besonders die Nordalpen mit maximalen Tagesregenhöhen über 60 mm betroffen wurden, folgte nach einigen Tagen unbeständigen Wetters mit vereinzelt stärkeren Regenfällen Anfang September 1890 eine neuerliche Regenzeit, die jedoch nur im bayrischen Donaugebiet im Durchschnitt größere tägliche Niederschlagshöhen als der Vorregen aufwies. Es waren somit eigentlich drei Regenabschnitte zu verzeichnen, von denen der zweite am schwächsten war und nur in einigen Teilen des Inn-Salzach-Gebietes größere Intensität besaß. Die Entwicklung des Hochwassers erfolgte daher dem meteorologischen Geschehen entsprechend stufenweise. Die erste Regenphase hatte das Auftreten einer Vorwelle zur Folge, und durch den Zwischenregen erfuhren die Wasserstände eine weitere Erhöhung. Im Inn und in der bayrischen Donau, besonders aber in der Salzach, konnte sich durch den Zwischenregen sogar eine zweite Hochwasserwelle bilden. Da die Innwelle jener der bayrischen Donau wie in der Regel einige Tage voraneilte, rief sie in der österreichischen Donaustrecke lediglich einen stärkeren Wellenberg hervor. Die Donauwelle aus Bayern jedoch traf gerade mit der durch den dritten Regenabschnitt verursachten Hauptwelle des Inns zusammen, und diese Superposition war dann die Ursache der Donauhochflut unterhalb Passau. Von einem Katastrophenhochwasser kann jedoch nicht gesprochen werden, da der Höchstwasserstand weit, beispielsweise in Linz um fast zwei Meter, unter jenem des Jahres 1954 lag und sich die Welle weiter abwärts immer mehr verflachte, weil die Traun und die Enns nicht sonderlich in Erscheinung traten. Die als Folge des letzten Niederschlagsabschnittes auftretende Hauptwelle der bayrischen Donau machte sich in der österreichischen Strecke fast überhaupt nicht mehr bemerkbar. Das Ereignis ist schon deshalb erwähnenswert, weil es als Beispiel dafür gelten kann, wie vielfältig die Entstehungsmöglichkeiten eines Donauhochwassers sind und wie durch das Zusammenspiel der wichtigsten Teilwellen auch bei einer durchaus nicht als katastrophal anzusprechenden Wetterlage dennoch eine sehr große Hochflut unterhalb Passau möglich ist.

Die letzten Bemerkungen gelten übrigens auch für das nächstfolgende Hochwasser vom Juni 1892, das wiederum aus dem Zusammenwirken

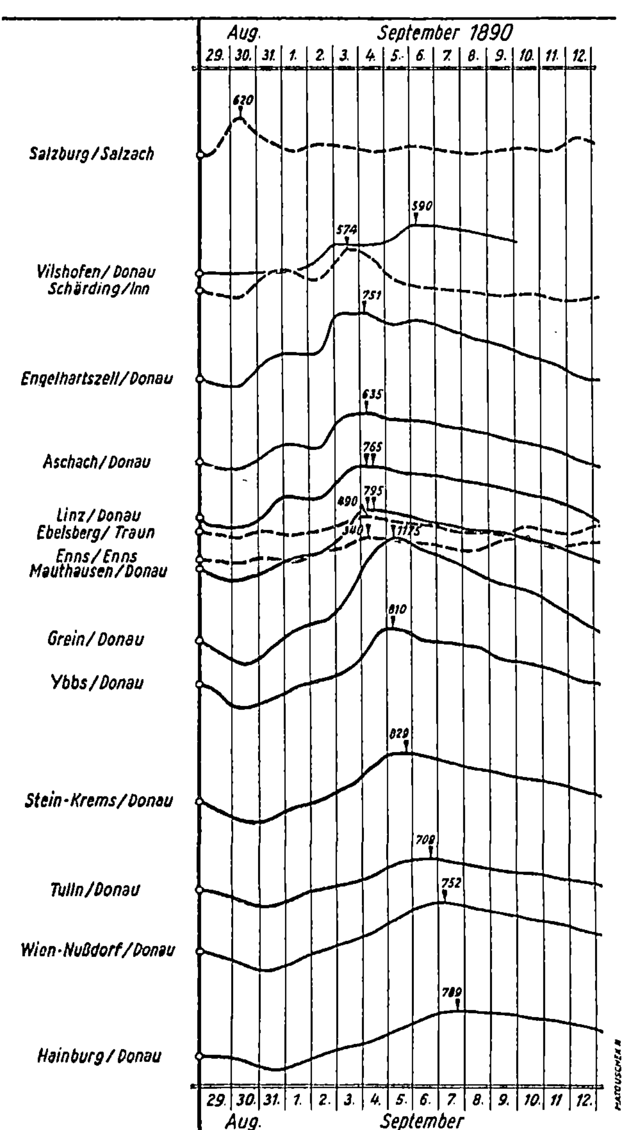

Abb. 9

Flutwellen-
verlauf im
August/
September 1890

von Inn, Traun und Enns entstand, während die bayrische Donau weniger
dazu beitrug. Einem Tag mit stärkeren, jedoch nicht übermäßig heftigen
Regenfällen folgte nach zweitägiger Unterbrechung eine Pentade mit
intensiver Niederschlagstätigkeit. Besonders stark überregnet wurde dabei
das Traungebiet, welches innerhalb von acht Tagen eine mittlere Niederschlagshöhe von 244 mm aufzuweisen hatte. Auch diesmal bewirkte der
Vorregen eine Erhöhung der ohnehin schon hochliegenden Wasserstände,
wobei sich in fast allen Gewässern eine ziemlich deutliche, wenn auch
mäßige Welle bildete. Der nachfolgende langandauernde Hauptregen rief
dann eine zweite, höhere und breite Innwelle hervor, die jedoch keinen
nennenswerten Zufluß von der bayrischen Donau erhielt und deshalb
ziemlich unbeachtet in der oberösterreichischen Donaustrecke abfloß.
Unterhalb von Mauthausen trat jedoch eine außerordentliche Verschärfung der Lage ein. Da die Regenfront allmählich von Westen nach Osten
wanderte, verzögerte sich nämlich die starke Traun- und Ennswelle und
traf gerade mit der anlaufenden Innwelle zusammen. Auch die anderen
niederösterreichischen Gewässer trugen noch zur Flutwelle bei, so daß
sie sich erst im Tullner Feld infolge der dortigen Retention merklich
abflachen konnte. Der große Einfluß der Traun und Enns ist hier wieder
deutlich zu erkennen und dokumentiert sich in der Tatsache, daß aus
einem unbedeutenden, in Tabelle I bei Linz überhaupt nicht aufschei-
nenden Hochwasser in der oberösterreichschen Strecke durch Superposition
der Inn-, Traun- und Ennswelle ein Donauhochwasser entstehen kann,
das für den niederösterreichischen Abschnitt sogar an sechster bzw.
siebenter Stelle liegt. Man kann sich leicht vorstellen, welches Ausmaß
die Katastrophe hätte annehmen können, wenn sich noch der Einfluß der
bayrischen Donau ähnlich wie im Jahre 1954 geltend gemacht hätte und
überdies eine größere Innwelle aufgetreten wäre. Wie harmlos dagegen
bei fast gleich großer Niederschlagssumme der Hochwasserablauf sein
kann, bewies das Jahr 1896, in dem die Traun-Enns-Welle schon $2^{1}/_{2}$ Tage
vor Ankunft der Innwelle abfloß und daher keine Welle für sich allein
imstande war, eine außerordentliche Hochflut in der unteren Donaustrecke hervorzurufen.

Schon fünf Jahre nach dem denkwürdigen Ereignis vom Jahre 1892,
nämlich im Hochsommer 1897, wurde das österreichische Donaugebiet
erneut von einem außerordentlichen Hochwasser heimgesucht, das sogar
den vierten Rang unter den Hochfluten der letzten 130 Jahre einnimmt.
Es muß daher als ausgesprochenes Katastrophenhochwasser bezeichnet werden, um so mehr, als viele der heute bestehenden Schutz- und Regulierungs-
bauwerke erst später errichtet wurden und daher zwangsläufig auch
geringere Hochfluten vor der Jahrhundertwende schon verheerende Folgen
hatten. Diesmal wurde das Hochwasser durch einen zusammenhängenden
mehrtägigen Niederschlag verursacht, dem allerdings im Inngebiet und

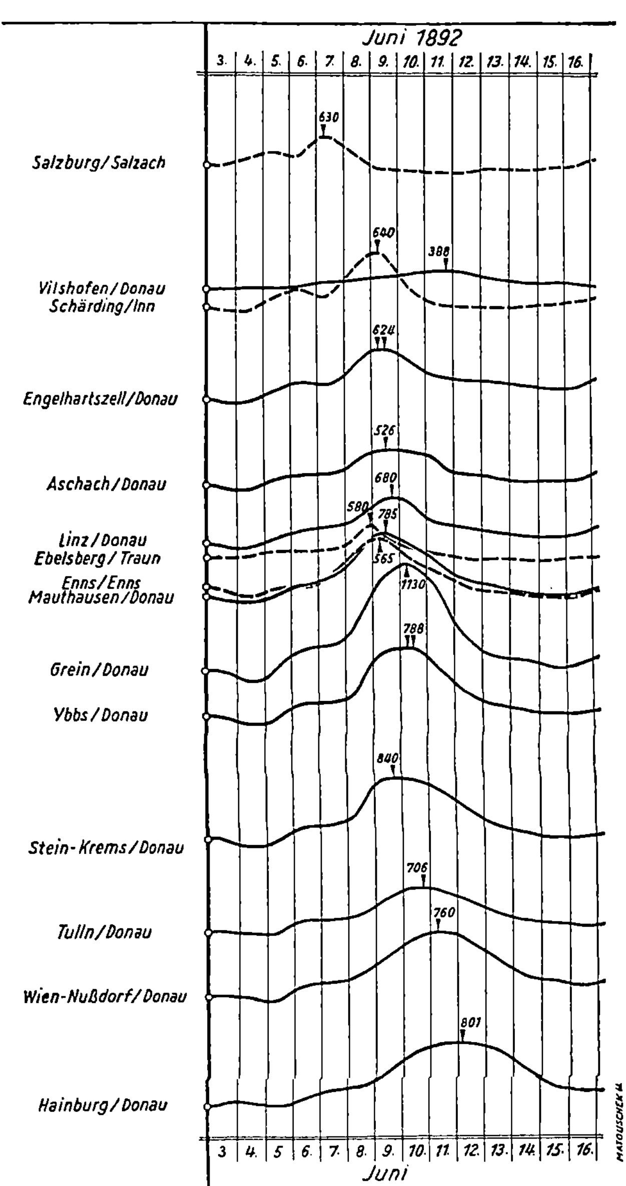

Abb. 10

*Flutwellen-
verlauf im
Juni 1892*

im Donaugebiet unterhalb von Passau ca. zehn Tage trüben, regnerischen Wetters vorangegangen waren, die eine gewisse Sättigung des Bodens bedingten. Am 26. Juli 1897 setzte die eigentliche Niederschlagstätigkeit ein, die vom 27. Juli bis 30. Juli den Charakter eines Starkregens aufwies und erst am 31. Juli wieder aufhörte. Welche gewaltigen Regenmengen allein in den vier niederschlagsreichsten Tagen zu verzeichnen waren, mag durch einige Zahlen hervorgehoben werden. So war die mittlere Tagesregenhöhe für das gesamte Donaugebiet bei Wien mit 25 mm während sechs Tagen höher als 1899, während die maximalen Tagesregenhöhen unter jenen von 1899 und 1954 lagen und in keinem Falle 200 mm erreichten. Die am stärksten überregneten Flächen lagen dabei im Gegensatz zu 1954 im Traungebiet und in Niederösterreich südlich der Donau, während das bayrische Donaugebiet eine Regenmenge empfing, die nur ungefähr halb so groß wie jene vom September 1899 war und im Vergleich zu jener vom Juli 1954 fast bedeutungslos erscheint. Dementsprechend wurden Ablauf und Höhe der Donauwelle bis in den Raum von Linz fast allein durch den Inn bestimmt, der einen vehementen Anstieg der Wasserstände innerhalb von zwei Tagen zu verzeichnen hatte. Unterhalb von Mauthausen waren jedoch die beiden Alpenflüsse Traun und Enns maßgebend für die Entwicklung der Hauptwelle. Überraschenderweise konnten die niederösterreichischen Zubringer im Verein mit einer Vorwelle von Traun und Enns schon früher einen sehr hohen Donauwasserstand erzeugen. Während die maximalen Wasserstände in der oberösterreichischen Strecke im Juli 1897 um rund 1,5 m unterhalb jener vom Juli 1954 lagen, erreichten sie in Niederösterreich infolge der starken Beteiligung seiner Zubringer ungefähr dieselbe Höhe. Die dabei aufgetretenen Höchstdurchflußmengen können aus Tabelle I entnommen werden. Rückblickend kann gesagt werden, daß dem Hochwasser vom Juli 1897 ursprünglich wohl deshalb so große Beachtung geschenkt wurde, weil es bis dahin das erste genau registrierte und auch bezüglich seiner Ursachen genau erfaßte außerordentliche Hochwasserereignis seit Errichtung des Hydrographischen Dienstes war. Damals konnte auch niemand ahnen, daß es schon bald nachher von einem viel größeren Geschehen überschattet werden sollte.

Schon zwei Jahre später, noch bevor das Jahrhundert zur Neige ging, wurde das gesamte Donaugebiet erneut von einem Katastrophenhochwasser, und zwar vom größten seit 1787, heimgesucht. Für die Donaustrecke unterhalb von Mauthausen steht diese Hochflut auch heute noch an erster Stelle, und nur im oberösterreichischen Bereich wurde sie von jener vom Juli 1954 übertroffen. Auch diesem denkwürdigen außerordentlichen Naturereignis ist ein eigener, schon eingangs erwähnter Beitrag des Hydrographischen Zentralbüros gewidmet.

Der Ablauf des Hochwassers vom September 1899 war überraschend

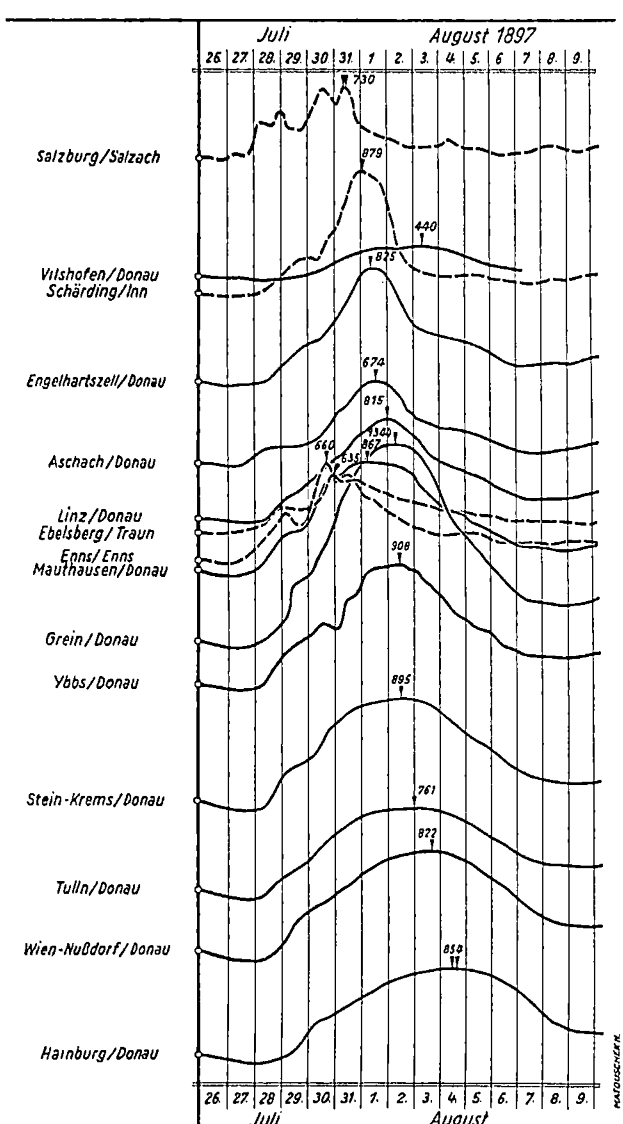

Abb. 11

Flutwellen-verlauf im Juli/August 1897

einfach, da es auch durch einen einzigen mehrtägigen Regenfall verursacht wurde. Nach geringen Niederschlägen vom 1. bis 7. September,
deren Summe nur in ganz wenigen Meßstellen mehr als 50 mm betrug,
setzte am 8. September die eigentliche Regentätigkeit ein. Am ersten Tag
war die durchschnittliche Niederschlagshöhe noch klein und betrug für
das gesamte Donaugebiet bis zur March nur 7,6 mm, für das Gebiet der
bayrischen Donau 6,7 mm, für jenes des Inns 9,1 mm, für das der Traun
6,6 mm und für jenes der Enns 13,9 mm. Immerhin erkennt man, daß
sämtliche Gebietsteile gleichermaßen, wenn auch schwach überegnet
wurden. Ab 9. September verschlechterte sich die Wetterlage zusehends,
indem das ozeanische Luftdruckmaximum bei gleichzeitiger Abnahme
der Barometerstände Zentraleuropas eine laufende Erhöhung erfuhr, so
daß die Zufuhr feuchter Luftmassen in das Donaugebiet immer mehr
begünstigt wurde. Demzufolge verstärkte sich die Niederschlagstätigkeit
in den nächsten Tagen, ohne jedoch exzessive Formen anzunehmen. Erst
der 12. September brachte dann ungeheuer intensive Niederschläge, die
sich über einen Teil der Zentralalpen, die gesamten Nordalpen sowie das
Alpenvorland und das niederösterreichische Hügelland erstreckten und
auch noch am 13. September, wenn auch etwas vermindert, anhielten.
Im Gegensatz zum Hochwasser im Juli 1954 wurden jedoch vom Einzugsgebiet der bayrischen Donau nur einzelne Teilflächen besonders stark
überregnet, was für den darauffolgenden Flutablauf von entscheidender
Bedeutung war. Tabelle II, die die maximalen Tagesniederschläge einiger
Stationen enthält, vermittelt ein Bild von der Intensität der Starkregen.
Aber nicht nur die außerordentliche Stärke der Niederschläge mit einer
maximalen Tagesregenhöhe von 287,5 mm in Mühlau bei Admont verdient
hervorgehoben zu werden, sondern ebenso die ungeheure Fläche, die
davon betroffen wurde. Es erscheint unglaublich und ist wirklich nur
als Exzeß der Natur zu begreifen, daß allein am 12. September eine
Fläche von mehr als 1000 km² eine Regenhöhe zwischen 200 bis 300 mm
empfing und eine Fläche von ca. 13 000 km² eine solche von 100 bis
200 mm. Verteilt man die Niederschlagsfracht über das gesamte Donaugebiet, so ergibt sich für ein Gebiet von mehr als 100 000 km² eine
durchschnittliche Regenhöhe von 60 mm in 24 Stunden. Demnach nahm
das Einzugsgebiet der Donau bis Wien am 12. September eine sekundliche Regenspende von rd. 61 000 m³ und selbst am 13. September noch
eine solche von ca. 48 000 m³ auf. Die Tatsache, daß nach stundenlangem,
ununterbrochenem Regen in der Nacht zum 13. September über mehreren Gebieten noch wolkenbruchartige Niederschläge zu verzeichnen waren,
zeigt wieder einmal, wie sehr eine gewisse Vorsicht bei der rechnerischen
Ermittlung von Hochwassermengen für kleinere Einzugsgebiete am Platze
ist. Am 14. September traten dann nur noch vereinzelte Regenfälle von

Tabelle II

Maximale Tagesniederschläge in einigen Ombrometerstationen im September 1899

Meßstelle	Land	Seehöhe in m	Niederschlagshöhe in mm am	
			12.	13.
			September 1899	
Lohberg	Bayern	650	132,4	66,8
Steinberg	Tirol	1000	132,4	89,7
Seekirchen	Salzburg	540	168	128
Reichenhall	Bayern	448	241,9	146,1
Alt-Aussee	Steiermark	950	242,8	162,1
Hallstatt (Salzberg)	Oberösterreich	1010	224,8	162,9
Langbathsee	Oberösterreich	675	254,7	178,2
Mühlau	Steiermark	750	287,5	108,8
Weyer	Oberösterreich	400	220,5	114
Lackenhof	Niederösterreich	835	217,5	102
Gaming	"	390	216,5	109
Frankenfels	"	460	136,2	100,7
Kaiserbrunn	"	540	114,9	66,8

geringer Ergiebigkeit auf, die auch die Wasserstände in den Vorflutern nicht mehr nennenswert beeinflußten.

Entsprechend dem Gang der Niederschläge war der Verlauf des Hochwassers in der Donau verhältnismäßig einfach. Wieder einmal war die Innwelle bestimmend für die Höhe der Flutwelle in der oberösterreichischen Donaustrecke, da die nicht sehr große Welle der bayrischen Donau erst zwei Tage später in Passau eintraf. Glücklicherweise schwoll der Inn erst unterhalb der tirolisch-bayrischen Grenze hoch an, wofür in erster Linie der Mangfall verantwortlich war, der seine Wassermassen gerade zu dem Zeitpunkt dem Inn zuführte, als dessen aus Tirol anlangende Welle die Mündungsstelle passierte. Aber auch weiter flußabwärts zeigte die Flutkurve einen steilen Anstieg infolge des nahezu gleichzeitigen Eintreffens der Hochwasserwellen aus fast sämtlichen Seitengewässern. Besonders gefahrdrohend wurde die Lage unterhalb der Mündung der Salzach, welche eine bedeutend höhere Flutwelle als im Juli 1954 aufwies. Die maximale Durchflußmenge des Inns bei Schärding dürfte schließlich rd. 6400 m³/s und damit mehr als im Juli 1954 betragen haben.

Zweifellos machte sich damals der Umstand günstig bemerkbar, daß vor dem Bau der Innkraftwerke große Inundationsgebiete zur Verfügung standen, die eine Kappung der Flutwelle bewirkten. Da der Wasserstand der bayrischen Donau bei Passau beim Eintreffen der Innwelle noch verhältnismäßig niedrig war, pflanzte sich letztere auch in der oberösterreichischen Donaustrecke fast unverändert fort. Die Donauwelle bis zur Traunmündung war daher praktisch mit der Innwelle identisch, wie aus Abb. 12 deutlich hervorgeht, und erreichte auch nicht die Höhe vom Juli 1954. Von größtem Einfluß waren jedoch die äußerst hohen Spitzenabflüsse von Traun und Enns, die sich ca. 2 Tage vor dem Eintreffen der Innwelle in die Donau ergossen und dort einen beinahe so hohen Wasserstand wie der Inn herbeiführten. Unterhalb von Mauthausen war in der Donau daher eine breite, aber sehr einfach ausgebildete Hochwasserwelle zu verzeichnen, die sich erst im Wiener Becken etwas verflachte, da auch die niederösterreichischen Zubringer ganz ansehnliche Abflüsse beisteuerten. Die maximale Durchflußmenge dürfte vor dem Eintritt in die Inundationsräume des Tullnerfeldes ca. 11 200 m³/s betragen haben; das ist ein Spitzenabfluß, der auch später nicht mehr erreicht wurde und somit den höchsten seit 1787 darstellt. Die Katastrophe war daher gerade in der niederösterreichischen Strecke ungeheuer groß und unabwendbar, wozu wohl auch der damalige tiefere Stand der Technik und insbesondere des Transportwesens beigetragen haben mag.

Schließlich muß aber noch hervorgehoben werden, daß im September 1899 auch günstige Umstände einer höheren Flutwelle und damit einer noch größeren Katastrophe entgegenwirkten. Als solche wären zu vermerken die niedrigen Eintrittswasserstände, die verhältnismäßig späte Jahreszeit, wodurch in den höheren Regionen ein Teil der Niederschläge in fester Form fiel, die günstigen Feuchtigkeitsverhältnisse des Bodens infolge des trockenen Vorwetters und endlich der geringe und verzögerte Zufluß aus dem bayrischen Donaugebiet.

Nach der auffallenden Häufung der Hochwässer am Ende des 19. Jahrhunderts gab es in den nächsten zwei Jahrzehnten keine einzige Donauhochflut, die für irgend ein Profil unter die 15 höchsten zu rechnen wäre. Erst im September 1920 gelangte wieder eine größere Flutwelle zum Abfluß, die aber im Donaugebiet selbst keine katastrophalen Folgen hatte und in der Aufstellung der Donauhochwässer 1821—1955 erst an sechster Stelle steht. Zum Zustandekommen dieser Flut trugen nicht zuletzt die ziemlich hohen Ausgangswasserstände bei, die durch das ca. zweiwöchige ungünstige Vorwetter mit gebietsweise immer wieder einsetzenden stärkeren Regenfällen hervorgerufen worden waren. Anfang September 1920 trat eine wesentliche und anhaltende Verschlechterung ein, indem ein starkes Tiefdruckgebiet von Nordwesten gegen Mitteleuropa vorrückte und gleichzeitig hoher Druck keilförmig von Südwesten

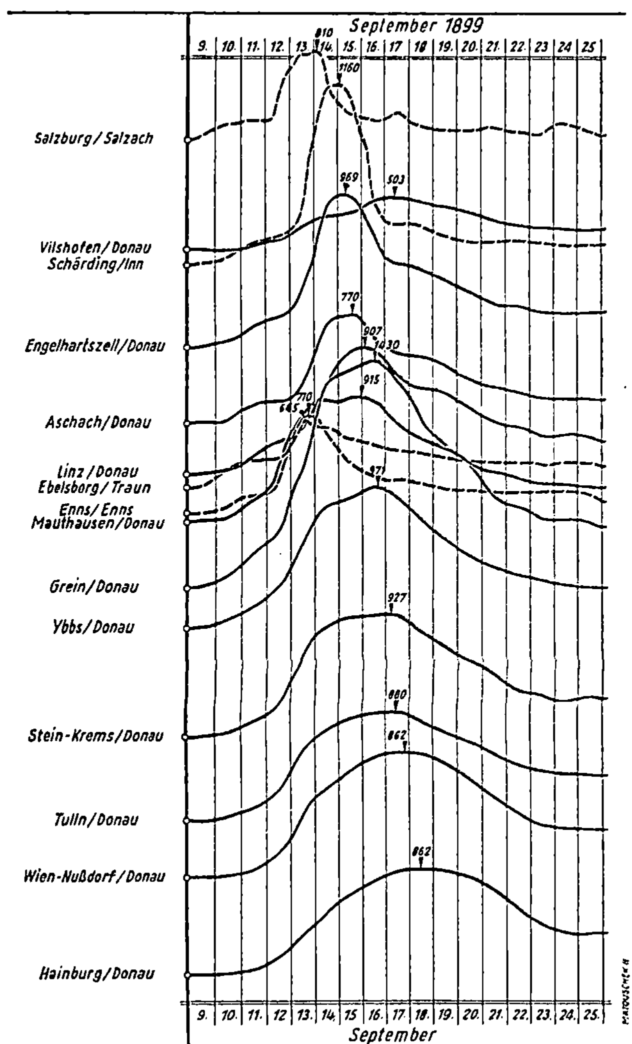

Abb. 12

Flutwellen-
verlauf im
September 1899

gegen Osten drang. Als Folge davon nahmen die Intensität und die Ausdehnung der Niederschläge ab 2. September immer mehr zu und erreichten schließlich am 5. und 6. September ihren Höhepunkt. Besonders ergiebig überregnet wurden in der fast das ganze Nordalpengebiet umfassenden Niederschlagszone die Flußgebiete der Saalach und unteren Salzach sowie der Traun und der Ager, wobei die maximalen Tagesniederschläge ca. 150 mm betrugen. Gleichzeitig trat ein Temperaturanstieg ein, welcher die schon Ende August im Gebirge gefallenen Neuschneemengen schmelzen ließ, so daß sie den Abfluß noch verstärkten. Im Inngebiet waren erst unterhalb des Zillers Tagesniederschläge von mehr als 60 mm zu verzeichnen; der Inn erreichte daher bis Kufstein nicht einmal die Jahreshöchstwerte des Wasserstandes. Unterhalb der tirolischen Grenze wuchs aber die bis dahin noch mäßige Hochwasserwelle des Inns infolge der starken Zuflüsse aus den bayrischen Seitengewässern immer mehr an und wies nach Vereinigung mit der Salzach-Saalachwelle eine ganz bedeutende Scheitelhöhe auf. So wurde am Pegel Schärding ein Höchstwasserstand von 966 cm am 8. September abgelesen, der um 87 cm über jenem von 1897 lag. In der bayrischen Donau bildete sich nur eine kleinere und flache Hochwasserwelle aus, die überdies erst am 11. September in Passau eintraf. Die Höchststände in der oberösterreichischen Donaustrecke wurden daher allein durch die scharf ausgeprägte Innwelle bestimmt und lagen bis Aschach sogar über den Werten von 1897. Unterhalb dieses Pegels kam die Welle etwas zum Abklingen und war noch ungefähr so groß wie die vom Jahre 1892. Auch die weiteren Zubringer aus den Alpen, wie Traun und Enns, deren Kulminationen bereits mehrere Tage zurücklagen, hatten keinen starken Einfluß auf die Höhe der Maximalwasserstände in der Donau. Die nördlichen Donauzubringer zeigten überhaupt nur eine mittlere Wasserführung, so daß sich die Flutwelle im niederösterreichischen Donauabschnitt verflachte und ihr Scheitel bei Wien-Nußdorf bereits einen Meter unter der Hochwassermarke des Jahres 1899 lag.

Drei Jahre später, im Februar 1923, war erneut ein größeres Donauhochwasser zu verzeichnen, das für das Pegelprofil Linz auch rangmäßig unmittelbar hinter jenem vom September 1920, für die niederösterreichischen Profile jedoch etwas weiter zurückliegt. Trotzdem verdient es eine kurze Beschreibung, und zwar vor allem wegen des etwas ungewöhnlichen Zeitpunktes seines Auftretens. Bereits Ende Jänner 1923 setzten nördlich des Alpenhauptkammes ausgedehnte Regenfälle ein, die von einem bedeutenden Temperaturanstieg begleitet waren und eine starke Schneedecke zum Schmelzen brachten. Am 31. Jänner und 1. Februar, im Osten zum Teil auch am 2. Februar, erreichten die Niederschläge mit Tagessummen von mehr als 70 mm ihre größte Intensität, wobei die Schwerpunkte in den Einzugsgebieten der Großache, Lammer, Traun und

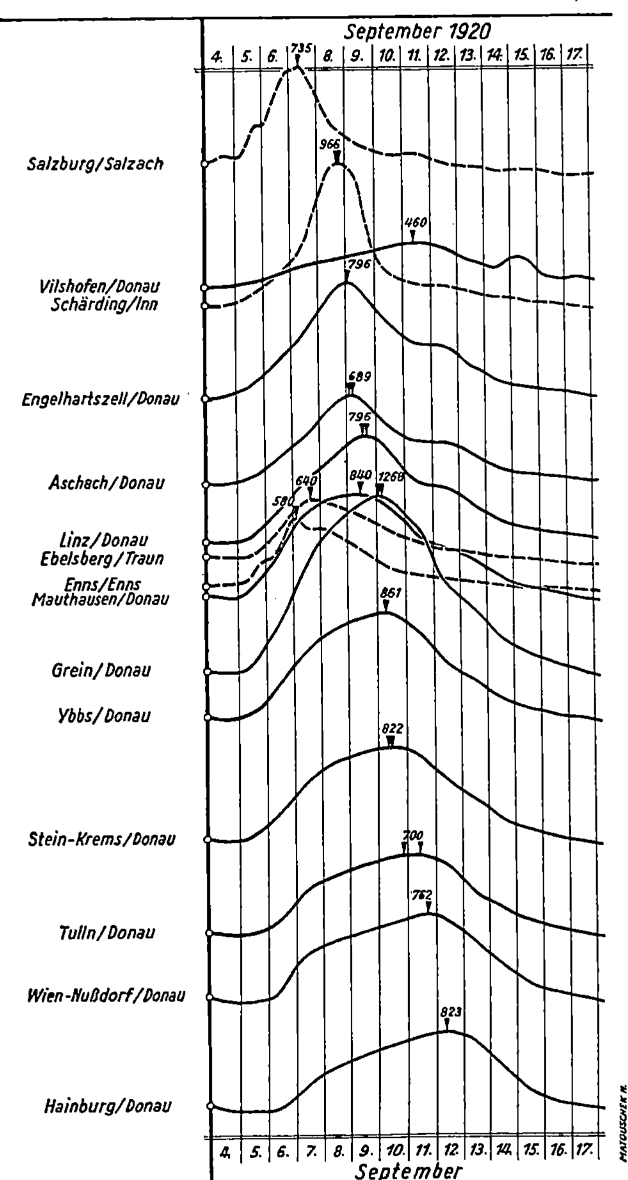

Abb. 13

*Flutwellen-
verlauf im
September 1920*

oberen Enns lagen. Obwohl die Niederschlagssummen nicht so hoch wie
in anderen Katastrophenjahren waren und sich auch die Ausgangswasserstände beträchtlich unter dem Jahresmittel — bei der österreichischen
Donau um ca. 90 cm darunter — befanden, kam durch die gewaltigen
Schmelzwassermengen doch ein großes Hochwasser zustande. Für die
Entwicklung der Hochflut in der oberösterreichischen Donau war wieder
die Innwelle maßgebend, die ihren nicht sehr steilen Anstieg hauptsächlich der Salzach und den Zubringern aus dem bayrischen Alpenvorland
verdankte. Sie traf am 3. Februar 1923 auf die sich langsam aufbauende,
ziemlich hohe Welle der oberen Donau, die drei Tage später in Passau
anlangte. Diese breite Welle ließ dann auch die Hochflut in der anschließenden Donaustrecke nur langsam abklingen. Die relativ mächtigste Flutwelle war jedoch jene der Traun, die zusammen mit der etwas flacheren
Ennswelle fast einen Tag vor dem Eintreffen der Innwelle die Donau
erreichte und dort den Höchstwasserstand verursachte. Zusammen mit
den nachdrängenden Wassermassen in der Donau selbst verhinderten die
starken Zuflüsse der niederösterreichischen Alpenzubringer dann ein Ver-
flachen der Donauwelle, deren Scheitel bei Hainburg immer noch um
5,5 m über dem Eintrittswasserstand lag. Als besonderes Charakteristikum
wurde bei allen Meßstellen der Donau ein gleichzeitiger rascher Anstieg
der Wasserstände am 1. Februar als Folge der starken Niederschläge und
des plötzlichen Abschmelzens der Schneedecke, dagegen ein sehr lang-
sames Abklingen dieser Regen- und Tauflut registriert.

Das nächste Donauhochwasser in der Reihe der seltenen Ereignisse
war das vom Juni 1940, welches allerdings nur in der oberösterreichischen
Strecke eine Gefahr darstellte, während es im niederösterreichischen Abschnitt vollkommen harmlos verlief. Die Ursache bildeten ca. fünf Tage
dauernde starke Niederschläge, wobei der Alpennordrand und das unmittelbare Alpenvorland von der bayrischen Hochebene bis ins Salzkammergut am stärksten betroffen wurden. Für den Verlauf und die
Höhe der Flut im Donauabschnitt unterhalb von Passau war wiederum
die äußerst ausgeprägte Innwelle bestimmend, die sich auf den jahres-
zeitlich bedingt hohen Innwasserständen rasch aufbaute und am 1. Juni
mit den mäßig hohen Abflüssen der bayrischen Donau zusammentraf.
Diese hatte im Gegensatz zum Inn niedrige Ausgangswasserstände zu
verzeichnen; dadurch verzögerte sich die Ausbildung ihrer Flutwelle —
hervorgerufen durch die Zuflüsse aus Iller, Lech und Isar —, welche dann
erst drei Tage nach der Innwelle Passau erreichte und daher nur noch
das Fallen der Wasserstände in der österreichischen Donau verlangsamen
konnte. Auch die Traun und die Enns, die ihre Flutwellen bereits zwei-
einhalb Tage vor dem Eintreffen der Innwelle abgeführt hatten, nahmen
diesmal keinen direkten Einfluß auf die Höchststände in der Donau,
sondern bewirkten lediglich eine zeitliche Verschiebung derselben. Noch

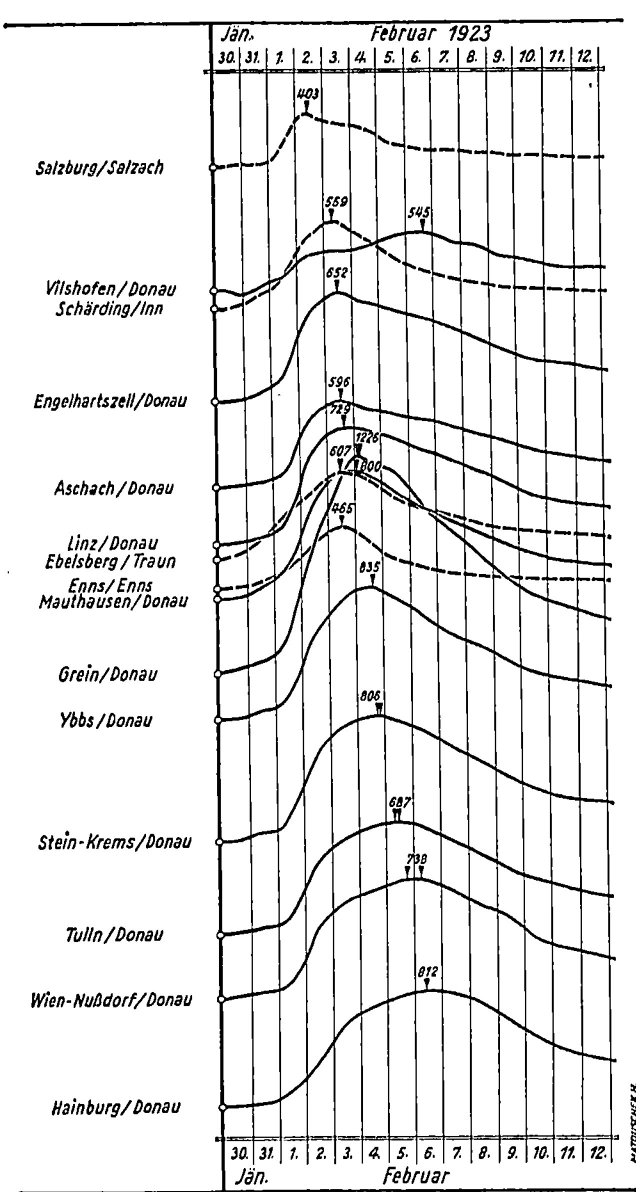

Abb. 14

Flutwellen-
verlauf im
Februar 1923

weniger von Bedeutung waren die Abflüsse aus den niederösterreichischen
Zubringern, durch die lediglich eine Verbreiterung der Donauwelle, die
sich flußabwärts sehr rasch verflachte, eintrat. Dieses Hochwasser kann
übrigens als Beispiel dafür gelten, welch große Bedeutung den Zeitdiffe-
renzen zwischen den Flutwellen von Inn, bayrischer Donau, Traun und
Enns zukommt. Obwohl dieselben sehr hoch waren und noch bei Linz
eine gewaltige Donauwelle, die fünftgrößte zwischen 1821 und 1955, vorhanden war, kam infolge der weit auseinanderliegenden Kulminationen
doch nur ein ziemlich unbedeutendes Donauhochwasser in Niederösterreich zustande.

Dasselbe gilt für die letzten zwei größeren Hochwässer der Donau
in der ersten Hälfte des 20. Jahrhunderts, für das Juli-Hochwasser 1946
und die Tauflut vom Jänner 1948. In beiden Fällen wies das Hochwasser
noch im Raume von Linz durchaus den Charakter eines seltenen Ereignisses auf, den es aber flußabwärts sehr rasch verlor. Über die erst-
genannte Hochwasserwelle im Juli 1946 ist nicht viel zu berichten, denn
sie war in ihrer Entwicklung und in ihrem Verlauf fast eine Wieder-
holung des soeben beschriebenen Ereignisses vom Juni 1940. Wiederum
waren sechstägige stärkere Regenfälle die Ursache, die jedoch weniger
das Traun- und Ennsgebiet, dafür aber das tirolische Inngebiet betrafen.
Der Inn erlangte schon bei seinem Eintritt nach Österreich bei Schalklhof
den Jahreshöchstwasserstand und war wieder allein bestimmend für die
Hochwasserwelle in der österreichischen Donaustrecke, da auch diesmal
die Kulmination in der oberen Donau bei Passau erst drei Tage nach
jener des Inns eintrat. Die Beiträge von Traun, Enns und den übrigen
Zubringern aus den österreichischen Alpen bewirkten dann wohl noch
eine Verbreiterung der Flutwelle unterhalb von Mauthausen, die sich
aber trotzdem noch stärker als beim Hochwasser sechs Jahre vorher
verflachte und am 12. Juli ziemlich unbeachtet das österreichische Staatsgebiet verließ.

Wesentlich interessanter gestaltete sich der Verlauf des Hochwassers
vom Jänner 1948, obwohl ihm, wie oben schon erwähnt, nur im oberösterreichischen Donauabschnitt einige Bedeutung zukommt. Die Voraussetzung für das Zustandekommen dieser Regen- und Tauflut war durch
einen Westwettereinbruch gegeben, der bereits am 21. Dezember 1947
erfolgte. Durch den Temperaturanstieg kam die Schneedecke in den tiefe-
ren Höhenlagen zum Abschmelzen, wodurch sich im Verein mit den
gleichzeitig gefallenen Niederschlägen in den meisten Gewässern die
Pegelstände stark erhöhten. Die Tage vom 26. bis 28. Dezember brachten
noch weitere Niederschläge, teilweise in fester Form, die unter dem
Föhneinfluß rasch zum Abfluß gelangten. Schließlich folgten in den ersten
drei Jännertagen 1948 erneut heftige Regenfälle bei Temperaturen über
0^0 C. Dem Gang der Niederschläge entsprechend, traten dann auch drei

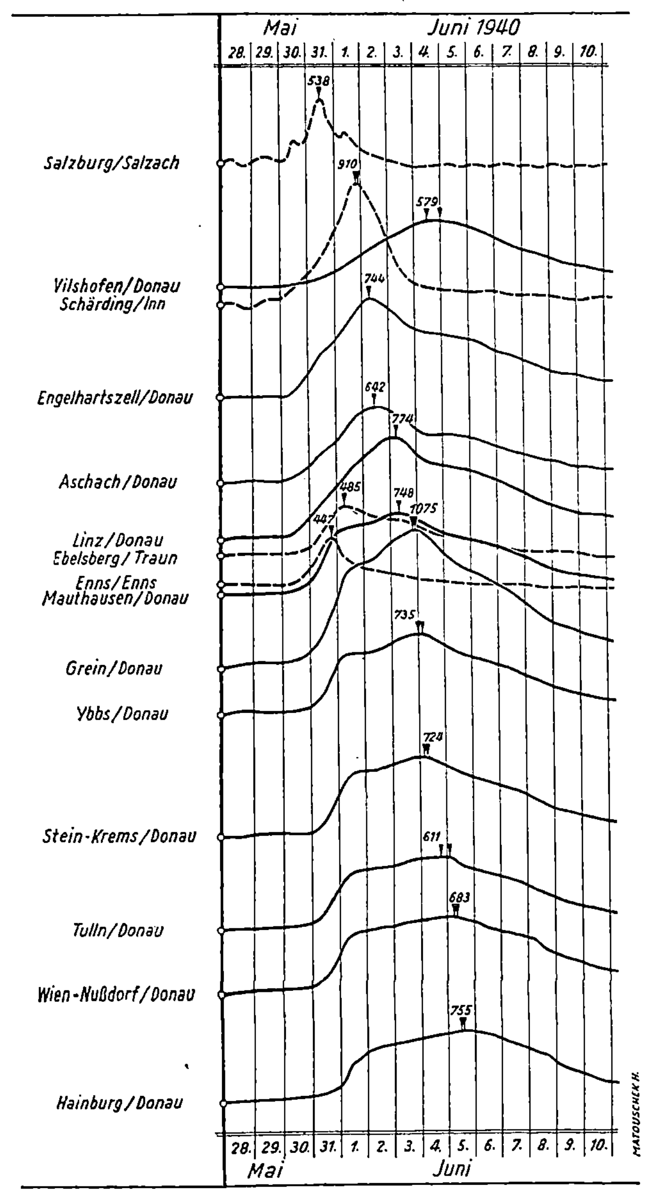

Abb. 15

Flutwellen-
verlauf im
Mai/Juni 1940

Hochwasserwellen auf, von denen nur noch die erste auf niedrigen Ausgangswasserständen aufbauen konnte. An der bayrischen Donau allerdings zeigte sich statt einer ausgeprägten ersten Welle lediglich eine Erhöhung des Wasserspiegels, auf die sich die zweite Innwelle aufsetzte. Die österreichische Donaustrecke wurde von der ersten, aus dem Inn kommenden Flutwelle zwischen 24. und 26. Dezember 1947, von der zweiten, breiteren Welle vom 28. Dezember 1947 bis 1. Jänner 1948 durchlaufen. Die Höchstwasserstände kamen jedoch durch Überlagerung der letzten, steilen Innwelle mit der zweiten Welle der bayrischen Donau zustande; die so gebildete dritte und zugleich Hauptwelle floß dann vom 4. bis 7. Jänner 1948 in der österreichischen Donaustrecke ab. Obwohl die Flutwelle der bayrischen Donau sehr mächtig war, prägte doch die steile Innwelle die charakteristische Form der Wasserstandsganglinie in der Donau unterhalb von Passau. An dieser Form wie an der Höhe der Pegelstände änderten auch die kleineren Wellen der Traun und Enns nichts mehr, obwohl sie nur einen halben Tag vor der Flutwelle der Donau an ihren Mündungen eintrafen. Die Donau verflachte sich daher verhältnismäßig rasch und wies schon bei Wien nur noch eine relativ geringe Mächtigkeit auf. Somit bestand nur für den oberösterreichischen Raum eine ernstere Hochwassergefahr, zu der die bayrische Donau durch ihre breite zweite Flutwelle als Grundlage für den Aufbau der entscheidenden Donauwelle wesentlich beigetragen hatte. Im Juli desselben Jahres war übrigens erneut ein kleineres Hochwasser zu verzeichnen, das im niederösterreichischen Donauabschnitt noch weniger Beachtung fand als jenes vom Jänner. Ebenso traten auch im Jahre 1949 zwei Flutwellen auf, die jedoch erst an 12. Stelle in der Reihenfolge der Donauhochwässer stehen und daher nicht näher beschrieben werden sollen.

Der hiemit abgeschlossene Rückblick auf die Hochfluten der Donau bis 1950 beweist, daß in der österreichischen Donaustrecke infolge der Verschiedenartigkeit des großen Einzugsgebietes das Eintreten von Hochwässern zu allen Jahreszeiten — als ausgesprochene Regenhochwässer im Sommer und Herbst oder als sogenannte Taufluten im Winter und Frühling — möglich ist. Selbstverständlich gibt es auch Hochwässer, die eine Mischung beider Typen darstellen, abgesehen von außergewöhnlichen Wasserspiegelhebungen durch Eisstauungen, die sich aber meist nur auf bestimmte Flußabschnitte beschränken. Wie die Chronik der bisherigen Donaufluten zeigt, überwiegen jedoch die Regenhochwässer sowohl an Häufigkeit wie auch an Größe. So war das katastrophalste bisher bekannte Hochwasser, jenes vom August 1501, ein reines Regenhochwasser und auch das zweitgrößte vom Jahre 1787 war nach dem Bericht des Chronisten auf warme Regen im Spätherbst zurückzuführen, wozu lediglich noch Schmelzwässer aus dem tirolischen Inngebiet kamen. Ebenso handelte es sich bei den Hochwässern der Jahre 1897 und 1899

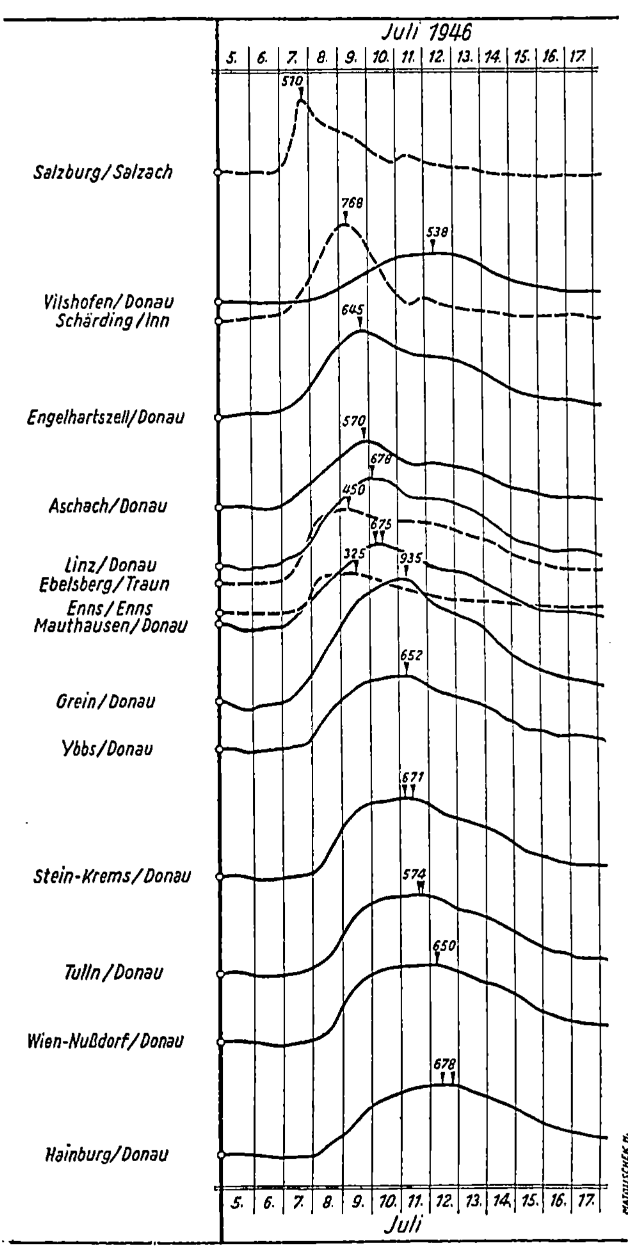

Abb. 16

Flutwellen-
verlauf im
Juli 1946

— sowie auch bei der letzten großen Hochflut vom Juli 1954 — um ausgesprochene Regenhochwässer und selbst bei den sogenannten Taufluten bilden warme Starkregen das entscheidende Moment. Wie das Hydrographische Zentralbüro bereits vor mehr als einem halben Jahrhundert ausgesprochen hat, wird in der Regel das Ausmaß der Katastrophe zu der im entsprechenden Zeitraum gefallenen Niederschlagsmenge proportional sein; es können jedoch andere Faktoren in ihrer Gesamtwirkung die Hochwasserbildung stark beeinflussen, so daß unter Umständen kleinere Niederschlagsmengen größere Katastrophen und umgekehrt größere Niederschläge kleinere Flutwellen zur Folge haben.

Der Beschreibung der meisten Hochwässer kann man entnehmen, daß einer dieser wichtigsten Faktoren für das Zustandekommen eines Hochwassers in der österreichischen Donau die Art des Ineinandergreifens der Flutwellen aus den einzelnen Teilflußgebieten ist. Am günstigsten gestaltet sich die Entwicklung zweifelsohne dann, wenn der Zug des Regens der Richtung des Flusses entgegenläuft. Hiedurch tritt ein Auseinanderrücken der einzelnen Kulminationen ein, während umgekehrt das Fortschreiten der Niederschläge mit dem Flußlauf eine gefährliche Konzentration der einzelnen Flutwellen schafft und sich die Wahrscheinlichkeit für das Auftreten einer besonders hohen Donauwelle erhöht. Daß beide Fälle sowie verschiedene Variationen derselben denkbar sind, geht aus den Schilderungen des Witterungsverlaufes bei den einzelnen Hochwasserereignissen hervor. Eine ungünstige Lage ergab sich zum Beispiel bei der Hochflut des Jahres 1892, als die bayrische Donau am 4., der Inn, die Traun und die Enns am 7. und das Gebiet der niederösterreichischen Zubringer am 8. Juni am stärksten überregnet wurden.

Die Bedeutung des Zusammenspiels der einzelnen Flutwellen aus den Teileinzugsgebieten geht besonders aus dem großen Einfluß der beiden Alpenzubringer Traun und Enns auf die Entwicklung jedes Hochwassers im niederösterreichischen Abschnitt hervor. Die Lage der beiden ineinandergreifenden Einzugsgebiete bedingt es, daß sich in der Regel beide Flüsse analog verhalten. Gewisse im Hochwasserverlaufe zu beobachtende Verschiedenheiten sind zum Teil auf den Einfluß der im Traungebiet liegenden Seen zurückzuführen, im großen und ganzen jedoch kaum von Bedeutung. Allgemein betrachtet, können die Flutwellen der Traun und Enns vor, mit oder nach der Hauptwelle der Donau den Strom erreichen, und es ist klar, daß die Konstellation um so ungünstiger wird, je mehr sich die Zeitpunkte der Kulmination in allen drei Flüssen nähern. Glücklicherweise läßt die geographische Lage der Flußgebiete zumeist den günstigsten Fall eintreten, nämlich den frühzeitigen Ablauf der Traun- und Ennswelle. So war es in den Jahren 1896, 1897, 1899 und 1954, ebenso bei den Taufluten 1883 und 1862; allerdings betrug im letztgenannten Jahre die Zeitdifferenz zwischen der Kulmination in der

Donau und in der Traun-Enns nur zirka einen Tag, was sich schon unheilvoll genug auswirkte. Daß jedoch keinesfalls mit diesem günstigen Regelfall gerechnet werden darf, beweisen die Hochwässer 1890 und 1892, bei welchen die Kulminationen in der Donau, Traun und Enns gleichzeitig, beziehungsweise fast gleichzeitig erfolgten. Unter den angeführten acht großen Hochwässern ist also bereits zweimal eine Ausnahme von der Regel zu beobachten, woraus klar hervorgeht, daß gerade die vier größten Hochwässer der Donau durchaus nicht unter besonders ungünstigen Verhältnissen zustande kamen. Diese Tatsache sollte im Zusammenhang mit der Frage der Eintrittswahrscheinlichket dieser Hochfluten wohl bedacht werden.

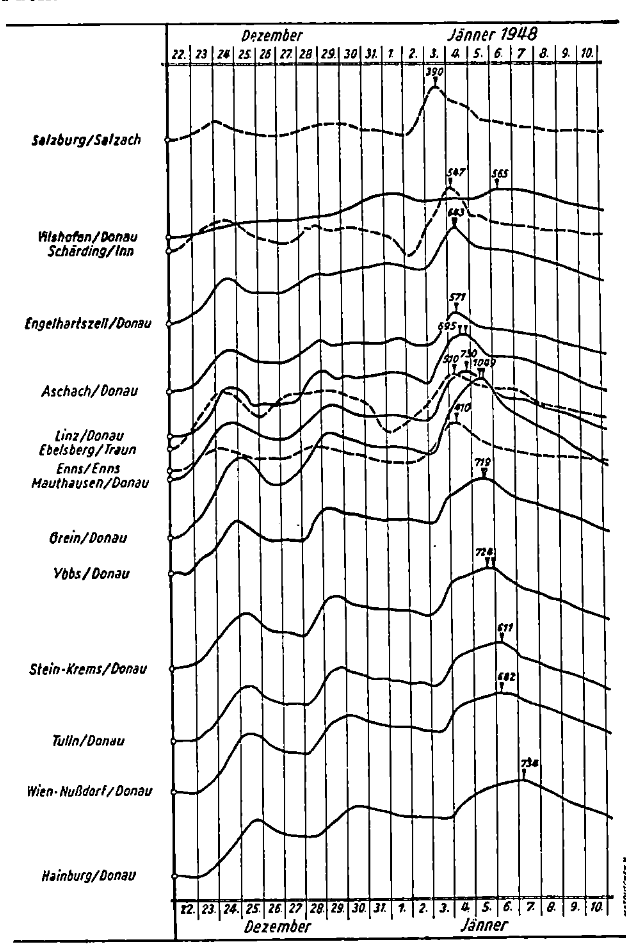

Abb. 17

Flutwellenverlauf im Dezember 1947/ Jänner 1948

III. Die Hochwasserereignisse der letzten Jahre

Nach einer Zeitspanne von mehr als fünf Jahrzehnten, in der vom hydrographischen Standpunkt aus gesehen verhältnismäßig Ruhe herrschte, wurde das österreichische Donaugebiet im Juli 1954 wiederum von einer gewaltigen Hochwasserkatastrophe heimgesucht, die in manchen Teilen Oberösterreichs, insbesondere im Donautal bis zur Ennsmündung, jene vom Jahre 1899 noch übertraf. Damit wurde auch die bis dahin oft vertretene Ansicht widerlegt, daß ein Hochwasser solchen Ausmaßes ein äußerst seltenes Ereignis darstelle und somit bei allen bedeutenderen Wasserbauwerken als ausreichende Berechnungsgrundlage dienen könne. Selbst bei oberflächlicher Betrachtung zeigte sich nämlich, daß nur dank einer Reihe glücklicher Umstände eine unvorstellbare Katastrophe ausgeblieben ist, die im Sinne der Wahrscheinlichkeitsrechnung jedoch jederzeit eintreten kann. Wenn die Schäden durch das Juli-Hochwasser 1954 gegenüber jenen durch das September-Hochwasser 1899 in ihrer Summe geringer waren, so ist dies vor allem darauf zurückzuführen, daß in der Zwischenzeit die Dammsysteme erweitert wurden und heute viel bessere technische Hilfsmittel für den Schutz der Dämme und der bedrohten Bauten zur Verfügung stehen. Insbesondere wirkte sich der viel höhere Stand der Nachrichtenübermittlung und die fortgeschrittene Motorisierung günstig aus, wodurch ein rascher Einsatz an jeder Stelle möglich war. Endlich lagen die ansonst so hochwassergefährdeten Einzugsgebiete der oberen Salzach sowie der Traun und der Enns und die niederösterreichischen Zubringer nur am Rande des Katastrophenraumes und wiesen daher keine sehr großen Hochwassermengen und auch nur ganz geringe Schäden auf.

Fast auf den Tag genau kam 1955 neuerdings eine — wenn auch nicht so mächtige — Hochwasserwelle in der österreichischen Donaustrecke zum Abfluß, die schon deshalb von Interesse ist, als sie ganz gegen die Regel nicht durch die eigentliche Innwelle, sondern durch die etwas später den unteren Inn durchlaufende Salzachwelle hervorgerufen wurde. Die Donau in Bayern erreichte sogar gleich hohe Wasserstände wie im Jahre 1899, auf denen dann die Salzachwelle aufbauen konnte. In der österreichischen Donaustrecke lagen jedoch die Höchststände weit unter jenen von 1899 und 1954, und es traten nur in einigen Zubringergebieten Schäden auf, die in Oberösterreich allerdings ein erhebliches Ausmaß annahmen.

Das letzte Hochwasser, das größte Aufmerksamkeit verdient, war schließlich im vergangenen Frühjahr 1956 in Verbindung mit den Eisstoßerscheinungen oberhalb Jochensteins und in der bayrischen Donau zu verzeichnen. Wie noch erinnerlich, löste damals der infolge der Eisversetzungen ständig ansteigende Wasserspiegel der Donau im Bereiche der Städte Passau und Vilshofen starke Beunruhigung in der Öffentlichkeit aus, was mehrfach zu ungerechtfertigten Angriffen gegen verschiedene Behörden, insbesondere gegen die Wasserkraftwirtschaft, führte. Die Erregung flaute dann fast gleichzeitig mit den sensationslüsternen Reportagen ab und machte einer objektiven Betrachtung Platz, zu der einige aufklärende Berichte von Fachleuten wesentlich beitrugen. *

Im folgenden sollen nun der Verlauf und die Ursachen dieser drei letzten Hochwässer eine sachliche Schilderung erfahren. Wenn dabei das Juli-Hochwasser 1954 ausführlicher behandelt wird, unter Einbeziehung des Geschehens in den wichtigsten Zubringergebieten, so ist das wohl begründet. Handelt es sich doch hier für den oberösterreichischen Donauabschnitt um das größte Hochwasserereignis seit 1787, aus dem sich zwangsläufig auch bestimmte Erkenntnisse und Folgerungen für den Hydrographen und für den Wasserbauingenieur ergeben.

1. Das Juli-Hochwasser 1954 im österreichischen Donaugebiet

A. Der Verlauf des Hochwassers

Am 3. Juli 1954 kamen aus den westlichen Bundesländern Österreichs und aus Bayern die ersten Meldungen über Hochwässer in den Einzugsgebieten verschiedener Donauzubringer und ihrer Seitenbäche als Folge mehrtägiger intensiver Regenfälle in Bayern, Tirol und Salzburg. Besonders stark überregnet wurde vom 27. Juni bis 2. Juli ein ungefähr 30 km breiter Streifen, der sich in west-östlicher Richtung entlang des Alpennordrandes bis in das Salzkammergut hinzog. Im Alpenraum selbst waren die Niederschläge in diesen sechs Tagen nur ungefähr halb so groß und betrugen zwischen 50 und 100 mm. Dementsprechend wiesen gerade die Gebirgsflüsse, abgesehen von örtlichen Ausnahmen, nur mittlere und keineswegs außerordentliche Hochwässer auf. Die Gewässer des Alpenvorlandes dagegen hatten schon am 2. Juli Hochwassermengen zu verzeichnen, die einem ungefähr zehnjährigen Ereignis entsprachen. Aus diesen Einzugsgebieten trafen dann auch die ersten Schadensmeldungen ein.

Das schweizerische und westtirolische Inngebiet bis Innsbruck kann wegen der geringen dort gefallenen Niederschläge außer Betracht bleiben. In Innsbruck wurde der Höchstwasserstand am 2. Juli verzeichnet; er lag ungefähr 2 m unter dem höchsten bisher beobachteten, jenem vom Jahre 1871. An der Landesgrenze, bei Kufstein, betrug dieser Unterschied nur noch 135 cm und von hier ab nahm die Hochwassermenge

---

* H. B ö c k : Die Eisverhältnisse der Donau im Stauraum Jochenstein. Österreichische Wasserwirtschaft, Jg. 8, H. 5/6, 1956. — F. P e p e l n i k : Betriebserfahrungen der Kraftwerke an der Enns während der Frostperiode 1955/56. ÖZE., Jg. 9, H. 8, 1956.

infolge Aufnahme der Zubringer aus dem stark überregneten Voralpen-
gebiet rasch zu. In seinem Unterlauf in der bayrisch-österreichischen
Grenzstrecke hatte der Inn nach Aufnahme der Salzach, seines wichtigsten Nebenflusses, einen vorläufigen Höchststand am 3. Juli aufzuweisen,
der bei Schärding aber noch um ungefähr 5 m unter dem eine Woche
später auftretenden Maximum lag.

Die Salzach wies dasselbe Bild wie der Inn auf; auch hier konnte
man im Oberlauf, der im schwächer überregneten Alpenraum lag, vorerst
lediglich ein mittleres Hochwasser feststellen, das im stärker überregneten

Abb. 18

*Schärding,
Innbrücke zur
Zeit des Höchst-
wasserstandes*

Alpenvorland den Charakter eines zehnjährigen Ereignisses aufwies. Schon
zu diesem Zeitpunkt wirkte sich der später so sehr ins Gewicht fallende
Umstand, daß die Niederschläge in den Höhenlagen über 2000 m als
Schnee fielen, günstig aus. Die Kulmination dieser ersten Hochwasserwelle der Salzach war in Salzburg am 2. Juli zu verzeichnen. Ihr Scheitelwert lag an der Mündung noch ungefähr 2 m unter dem Höchststande
vom 9. Juli. Auch die bayrische Donau wies eine flache Anlaufwelle auf,
deren Scheitel jedoch um mehr als 4 m unter dem späteren Maximal-
wert lag.

Der Wasserstandsverlauf der Donau unterhalb von Passau war
hauptsächlich durch den Inn bestimmt und zeigte auf der gesamten österreichischen Strecke daher ebenfalls ungefähr eine Woche vor dem Haupt-
ereignis eine Vorwelle, wie aus Abb. 19 deutlich zu entnehmen ist. Der
Unterschied des Scheitelwertes dieser Vorwelle, die am 4. Juli in Wien
registriert wurde, gegenüber jenem der Hauptwelle betrug bei Engelhartszell ungefähr 5 m und verringerte sich bis auf 2,80 m bei Hainburg.

Infolge weiter anhaltender leichter Niederschläge im Zusammenwirken mit dem Schmelzwasserzufluß aus höher gelegenen Gebieten war
in den folgenden Tagen nur ein mäßiges, ungefähr 1 bis 1,5 m betra-

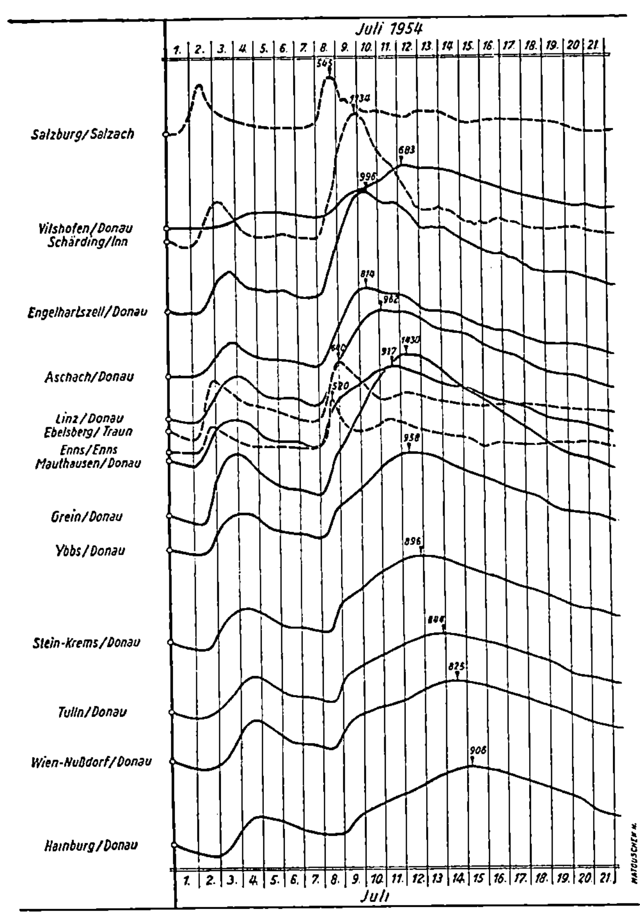

Abb. 19

Flutwellen-verlauf im Juli 1954

gendes Absinken des Wasserspiegels der österreichischen Donau zu verzeichnen. Auf diesem hohen, fast 2 m über dem Mittelwert liegenden
Wasserstand baute die nachkommende Hauptwelle auf, und darin liegt
die Charakteristik, aber auch eine der Hauptursachen für die außerordentliche Größe des Julihochwassers.

Am 7. Juli setzten neuerdings starke und extensive Regenfälle ein,
die ihren Schwerpunkt im bayrischen Isar-, Inn- und Salzachgebiet hatten.
Glücklicherweise wiesen die hochgelegenen oberen Einzugsgebiete des
Inns bis Kufstein und der Salzach im Raume der Hohen Tauern und der
Salzburger Kalkalpen verhältnismäßig schwächere Niederschläge auf, die
außerdem in den kritischen ersten Tagen über ungefähr 800 m bereits

als Schnee fielen. Aus diesem Grunde wurde am Inn die Vorwelle vom
2. Juli erst unterhalb von Kufstein übertroffen. Auch die Salzach zeigte
in ihrem Oberlauf nur eine unbedeutende Flutwelle, die auch noch im
anschließenden Flußabschnitt bis zu den Kalkalpen lediglich den Charakter eines mittleren Hochwassers hatte. Erst die Zubringer aus den mittleren Gebirgshöhen, wie die Lammer und die Niederalm, und jene aus
dem Alpenvorland bewirkten die Entwicklung bis zu einem ungefähr
25jährigen Hochwasser. In diesen Gebieten war das Retensionsvermögen
des Bodens infolge der vorangegangenen Dauerregen vollkommen erschöpft, und die Spitzenniederschläge des 7. und 8. Juli flossen fast zur
Gänze ab. Durch die großen Abflußspenden wurde jedes kleine Gewässer
zum reißenden Wildbach und allerorten waren Schäden zu verzeichnen. Der
gefährliche Zufluß aus dem Oberlauf blieb jedoch infolge Anhaltens der
tiefen Lufttemperaturen weiterhin aus, und auch im Raume Golling-
Salzburg konnten Evakuierungsmaßnahmen wie in den Jahren 1899 und
1920 unterbleiben. Unterhalb der Landeshauptstadt Salzburg wurde die
Lage jedoch zunehmend bedrohlicher und bereits im Raume der Saalach-
mündung waren große Überflutungen zu verzeichnen. Die Saalach, ein
besonders zu Hochwässern neigender Nebenfluß der Salzach, hatte allein
in zwei Tagen in ihrem Gebiet Niederschlagshöhen bis zu 250 mm zu
verzeichnen und bewirkte ein beinahe sprunghaftes Ansteigen der Salzach-
flutwelle. Während dieselbe bei Salzburg nur um ungefähr einen halben
Meter höher als die Vorwelle vom 2. Juli war und mit 545 cm am 8. Juli
noch um ungefähr 250 cm unter dem Höchststand vom Jahre 1899 lag,
betrug vor der Mündung in den Inn die Erhebung gegenüber der Vorwelle beinahe 2 m. Der Wasserstand erreichte aber nirgends die Höhe
von 1920 und blieb insbesondere bei weitem hinter jenem von 1899
zurück. Trotzdem bewirkte die Flutwelle der Salzach bei Ettenau einen
mehrfachen Dammbruch, der große Schäden verursachte und zu örtlichen
Evakuierungen führte. Die Durchflußmenge der Salzach an ihrer Mündung betrug zur Zeit der Kulmination am 9. Juli 2500 m³/s, bei einem
Einzugsgebiet von rund 7000 km².

Auf die Ereignisse in Bayern, insbesondere auf den Hochwasserverlauf am Inn bis zur österreichischen Grenze oberhalb von Braunau,
soll hier nicht eingegangen werden, da hierüber von bayrischer Seite aus-
führlich berichtet wurde *. Im Unterlauf des Inns, in der österreichisch-
bayrischen Grenzstrecke, traf die Flutwelle nach Aufnahme jener der
Salzach am 10. Juli ein. Obwohl der Schwerpunkt der Niederschläge
direkt im Einzugsgebiet des Inns lag, war sein Höchststand bei Schärding
um 26 cm niedriger als im September 1899. Die maximale Durchfluß-

---

* Das Hochwasser im bayerischen Donaugebiet im Juli 1954. Besondere
Mitteilungen zum Deutschen Gewässerkundlichen Jahrbuch, Nr. 14, München 1955.

menge war mit 6300 m³/s daher etwas geringer als 55 Jahre vorher, doch
besteht praktisch kein Unterschied in der Hochwasserführung von 1899
und 1954 am Pegel Schärding, da bei der Bestimmung so großer Durchflußmengen Fehler von ± 5% immerhin möglich sind. Trotzdem muß
das Hochwasser 1954 in der unteren Innstrecke als das kleinere der
beiden Ereignisse angesprochen werden, weil bei Abflußverhältnissen wie
im Jahre 1899 eine noch geringere Scheitelwassermenge aufgetreten wäre.

Abb. 20 Donaukraftwerk Jochenstein,
Baustelle mit gefluteten Baugruben nahe dem Höchstwasserstand

Dieser glücklichen Fügung als Folge der verhältnismäßig niedrigen Salzachwelle war es auch zu verdanken, daß die Katastrophe im Raum von
Passau und in der unterhalb liegenden Donaustrecke nicht noch größere
Ausmaße annahm, denn die bayrische Donau brachte mit etwas über
4000 m³/s fast die dreifache Wassermenge gegenüber 1899, so daß die
Innwelle auch aus diesem Grunde auf einem viel höheren Donauwasserstand aufbaute als damals. Die Dämme am Unterlauf des Inns haben im
allgemeinen gut standgehalten, wie überhaupt die Kraftwerksanlagen am
Inn eine ausgezeichnete Bewährungsprobe ablegten. Dagegen waren im
Bereich der österreichischen Innzubringer, wie an der Mattig, der Mühl-
heimer Ache und an der Antiesen, Überflutungen und große Schäden
festzustellen, die allein an den oberösterreichischen Regulierungsbauten
ungefähr 40 Millionen Schilling betragen.

Der zeitliche Verlauf der Flutwellen der Donau und

Juli 1954 September 1899	1. 5.	2. 6.	3. 7.	4. 8.	5. 9.	6. 10.	7. 11.	8. 12.	9. 13.
Vilshofen/Donau	329	333	345	390	423	410	392	391	485
				240	233	230	253	276	317
Schärding/Inn	380	383	625	467	412	428	398	435	930
	275	240	235	235	240	265	335	360	420
Salzburg/Salzach	210	505	330	270	250	240	235	545	470
	355	345	350	350	360	420	440	430	725
Passau/Donau	539	543	782	691	674	672	630	661	1035
				407	403	421	498	550	620
Engelhartszell/Donau	304	300	504	481	430	425	383	402	758
	231	211	209	205	200	219	294	350	410
Aschach/Donau	300	301	463	463	401	392	368	375	627
	235	223	215	215	210	220	275	323	360
Linz/Donau	328	325	510	575	470	448	423	428	695
	290	272	258	257	253	265	330	396	450
Wels/Traun	241	244	418	373	332	303	288	550	537
	637	617	615	614	613	695	728	732	1065
Mauthaus. (alt)/Donau	373	365	590	612	516	490	473	487	746
	312	292	279	279	272	302	370	432	695
Enns/Enns	220	225	335	265	238	238	230	520	380
	224	214	210	207	205	235	300	340	710
Grein/Donau	482	442	743	847	738	660	646	620	910
	331	312	285	283	272	304	410	510	802
Ybbs/Donau	392	372	548	608	550	500	490	468	665
	289	281	262	260	252	275	355	413	620
Stein-Krems/Donau	388	366	498	600	571	498	488	459	645
	320	332	315	309	305	315	366	430	650
Tulln/Donau	388	363	433	581	578	501	485	456	600
	362	387	366	354	352	356	408	478	631
Wien-Nußdorf/Donau	354	330	359	580	580	492	462	438	560
	242	265	251	238	237	235	266	334	452
Fischamend/Donau	353	325	330	484	514	458	426	415	464
	216	244	233	215	214	208	240	323	420
Hainburg/Donau	462	426	421	586	626	587	543	530	558
	326	351	347	330	328	322	343	405	471

ihrer wichtigsten Zubringer in den Jahren 1954 und 1899

10. 14.	11. 15.	12. 16.	13. 17.	14. 18.	15. 19.	16. 20.	17. 21.	18. 22.	19. 23.	20. 24.	21. 25.
548	603	**683**	677	664	623	574	531	499	476	452	440
400	409	436	**503**	490	468	435					
1134	882	730	559	562	498	476	491	451	440	453	428
950	**1160**	875	460	460	410	380	360	360	355	340	350
355	330	300	340	330	275	290	290	245	280	250	230
810	535	464	450	440	415	400	410	385	380	430	405
1220	1158	1156	1045	1037	966	900	861	793	756	742	715
960	**1118**	1018	848	833	782	718					
996	930	915	781	781	711	650	623	558	514	512	480
722	**969**	876	646	620	565	510	450	425	388	375	383
814	779	771	684	675	630	581	558	508	478	475	449
569	**770**	730	560	530	505	450	403	374	347	335	343
890	**962**	948	900	845	815	750	705	650	587	571	534
645	850	**907**	820	722	697	630	558	515	475	460	465
434	400	390	370	352	342	332	338	334	318	311	313
1020	930	870	810	780	755	740	715	710	698	711	700
830	**917**	901	860	805	784	738	700	663	598	580	552
899	**915**	910	835	736	688	630	554	520	494	483	486
335	395	375	335	305	285	245	255	254	258	252	263
670	520	430	380	380	350	338	322	315	308	329	324
1144	1323	**1430**	1410	1314	1226	1154	1064	993	895	838	808
1170	1363	**1430**	1398	1228	1055	952	810	714	666	626	633
775	890	**958**	948	894	842	800	746	706	644	604	588
832	900	**971**	922	842	726	660	590	545	510	480	488
732	816	881	**896**	868	821	788	745	702	652	597	575
843	889	912	**927**	878	786	726	664	588	548	513	525
672	730	792	830	**844**	817	788	757	710	665	604	581
769	841	868	**880**	873	823	765	709	657	616	588	595
640	680	720	785	**825**	816	783	750	712	668	610	578
650	736	823	**862**	859	823	752	690	590	522	486	488
554	608	641	695	**752**	748	720	689	654	615	564	525
546	621	708	738	**750**	727	670	610	544	483	458	449
658	718	768	826	882	**906**	888	858	821	779	728	654
606	708	790	827	**862**	859	831	785	721	623	568	542

Die bayrische Donau hatte diesmal insoweit einen großen Einfluß
auf die Hochwasserentwicklung unterhalb von Passau, als sie durch ihre
schon erwähnte hohe Wasserführung einerseits die maßgebende Innwelle
empfindlich verstärkte und andererseits deren Ablauf sehr verzögerte. Die
Wasserstandsganglinie der bayrischen Donau in den entscheidenden Tagen
zeigt einen auf den Einfluß der Isar zurückzuführenden, lange beharrenden
Scheitel mit einem Höchstwert von 683 cm bei Vilshofen am 12. Juli.

Abb. 21

Ottensheim

Noch am selben Tage und somit — wie in der Regel — zwei Tage
nach dem Inn erfolgte dann auch die Kulmination der bayrischen Donau
in Passau.

Am 10. Juli traf die für die Verhältnisse in der österreichischen
Donaustrecke entscheidende Flutwelle des Inns an seiner Mündung ein
und setzte sich auf einen gegenüber 1899 um ungefähr 1,5 m höheren
Wasserstand der bayrischen Donau auf. Durch diese Superposition wurde
die geringere Wasserführung des Inns nicht nur wettgemacht, sondern
unterhalb von Passau sogar eine größere Hochwasserwelle als im September 1899 mit einem Scheitelwert von über 9000 m³/s hervorgerufen.
Die damaligen, bisher immer als Richtwerte dienenden Höchstwasserstände wurden daher im gesamten oberösterreichischen Donauabschnitt
bis zur Mündung der Enns überschritten. Aus Tabelle III, die den zeitlichen Verlauf der Flutwellen der Donau und ihrer wichtigsten Zuflüsse
im Juli 1954 und im September 1899 an Hand der Pegelaufzeichnungen
in 17 Stationen wiedergibt, und noch sinnfälliger aus der späteren
Abb. 29 ist auf den ersten Blick zu entnehmen, daß erst in der niederösterreichischen Donaustrecke infolge der verhältnismäßig geringen Wasserführung von Traun und Enns die Höchstwerte von 1899 nicht mehr
erreicht wurden.

Von Passau bis Aschach floß die Hochflut im eingeschnittenen Donautal ab und hatte keine Möglichkeit, weit auszuufern. Wohl aber drang das Wasser in die tieferliegenden Teile der Ufergemeinden ein und richtete dort riesige Schäden an. An der Großbaustelle des Donaukraftwerkes Jochenstein konnten dagegen die Maschinen und Geräte rechtzeitig in Sicherheit gebracht und damit größere Verluste vermieden werden. Schwerste Schäden und Verwüstungen waren im Eferdinger Becken zu

Abb. 22 Donau bei Linz am Tage nach dem Höchststand.
Im Hintergrund links Heilhamer-Au

verzeichnen, wo eine Fläche, die dreimal so groß wie jene des Traunsees ist, überflutet und ein gewaltiges Auffangbecken geschaffen wurde. Der Nutzen aus der sich dadurch ergebenden Retentionswirkung kam der Landeshauptstadt Linz zugute, wo die Flutwelle am 11. Juli eintraf und trotz einer gewissen Dämpfung immer noch einen um 55 cm höheren Scheitelwert als 1899 aufwies. Ein Teil dieser Erhöhung ist allerdings Profiländerungen im Flußbett sowie der Wirkung von neueren Dämmen und geradezu sträflichen Verbauungen im Überschwemmungsgebiet zuzuschreiben. Die maximale Durchflußmenge hat ungefähr 8800 m³/s betragen, gegenüber 8500 m³/s im September 1899. Durch Bekanntgabe des vom Hydrographischen Dienst mit Hilfe der neuen Fernmeldeanlage bis auf wenige Zentimeter vorausberechneten zu erwartenden Höchststandes konnten zahlreiche Anrainer und Unternehmungen rechtzeitig gewarnt und wertvolle Güter in Sicherheit gebracht werden.

Die drei im Raume von Linz sich befindenden Hochwasserdämme zum Schutze des an den Winterhafen anschließenden Stadtteiles und des

Abb. 23

Die überflutete
Heilhamer-Au
bei Linz

Abb. 24

Zerstörte Wohn-
häuser in der
Heilhamer-Au

Handelshafens wurden von der Bundeswasserbauverwaltung mit Erfolg verteidigt. Gemeinsam mit dem städtischen Tiefbauamt und der Feuerwehr konnten zahlreiche undichte Dammstellen und landseitig auftretende Quellen abgedichtet und dabei rund 30 000 Sandsäcke verlegt werden. Lediglich am Hochwasserschutzdamm „Süd" trat ein Dammbruch ein, der jedoch nicht abgeriegelt wurde, da keine unmittelbare Gefährdung des Hinterlandes bestand. Schwer betroffen wurden natürlich die wider jede Vernunft im eigentlichen Überschwemmungsgebiet der Heilhamerau

errichteten Bauten, wobei gegen 30 Häuser vollkommen zerstört oder
weggerissen wurden. Groß waren im Eferdinger Becken und im Linzer
Raume wie auch entlang der gesamten österreichischen Donaustrecke die
an den Gebäuden auftretenden Nässeschäden durch eingedrungenes Ober-
flächen- oder Grundwasser.

Die hier beigefügten Bilder vermitteln einen Eindruck vom Ausmaß
der Überflutungen und zeigen einige typische Schadensstellen.

Die Traun und die Enns wiesen infolge der geringen Niederschläge
in ihrem Einzugsgebiet und infolge des Schneerückhaltes, der sich bereits
ab 800 m Höhe bemerkbar machte, nur etwas über MHQ liegende
Höchstwassermengen von rund 1100 m³/s bzw. 1800 m³/s auf, die bereits

Abb. 25

*Raiffeisenhof in
Linz mit
Gedenktafel
für das
Hochwasser 1501*

zwei bis drei Tage vor dem Eintreffen der Hauptflutwelle in der Donau
abgeflossen waren. Lediglich einige Zubringer der Traun, wie die Ager
und die Vöckla sowie die Alm und die Krems, wurden stärker überregnet
und hatten größere Schäden in ihren Einzugsgebieten zu verzeichnen.

Tabelle IV gibt eine Übersicht über die auf direkten Durchfluß-
erhebungen beruhenden Höchstabflüsse und -spenden in einigen Pegelstellen im Juli 1954, aus der besonders einige Teileinzugsgebiete hervor-
stechen.

Im Gegensatz zum September 1899, als die doppelt so großen Flutwellen der Traun und der Enns geradezu bestimmend für den Hochwasserablauf unterhalb von Mauthausen waren und bereits zwei Tage vor
dem Eintreffen der Innwelle einen beinahe so hohen Donauwasserstand
wie letztere hervorrief, traf also die Hauptwelle der Donau im Juli 1954
auf Traun- und Ennswasserstände, die kaum 150 cm über dem Jahresmittel lagen. Diese Tatsache war von größter Bedeutung für die niederösterreichische, aber ebenso für die ungarische Donaustrecke, denn bei
gleicher Beteiligung dieser beiden Zubringer wie im Jahre 1899 wäre dort

Tabelle IV

Ermittelte Höchstabflüsse und -spenden zur Zeit des Donauhochwassers im Juli 1954

Pegelstelle	Gewässer	Einzugs-gebiet km²	Höchstwasserstand Juli 1954			Höchst-abfluß HQ 1954 m³/s	Abfluß-spende Hq 1954 l/s.km²
			cm	Tag	Stunde		
Kirchbichl	Inn	9.313,3	403	2.	12	1.290	139
Obergäu	Lammer	399,5	430	2.	7	520	1300
Salzburg	Salzach	4.427,3	580	8.	23	1.500	339
Lengfelden	Fischach	157,5	351	8.	17	110	700
Siezenheim	Saalach	1.139,3	530	9.	2	630	554
Ach	Salzach	6.690,5	790	9.	13—15	2.500	374
Haging	Antiesen	163,1	440	9.	3	190	1160
Schärding	Inn	25.663,8	1134	10.	2	6.300	246
Engelhartszell	Donau	77.089,7	996	10.	12—14	9.100	118
Linz	Donau	79.490,1	962	11.	6	8.800	111
Schalchham	Ager	954,4	372	9.	2	425	446
Wels	Traun	3.498,6	550	8.	23	1.100	314
Kremsmünster	Krems	142,4	510	8.	20	180	1260
Pergern	Steyr	898,1	363	8.	20	520	578
Enns	Enns	6.070,9	520	8.	18	1.820	300
Opponitz	Ybbs	506,9	309	8.	18	165	326
Stein-Krems	Donau	96.029,9	896	13.	0	10.200	106
Wien-Nußdorf	Donau	101.700,0	825	14.	9—22	9.600	94,5

eine furchtbare Katastrophe eingetreten. So aber war abwärts von Mauthausen keine Zunahme der Höchstdurchflußmenge von ungefähr 10 000 m³/s mehr, sondern eher eine Abflachung der Flutwelle zu verzeichnen.

Unterhalb der Ennsmündung wurden die Höchststände der Donau von 1899 aus den obigen Gründen daher auch nicht mehr erreicht, und die Flutwelle lief — wenn man von den schweren Schäden und der Not der einzelnen Anrainer absieht — ohne bedeutende Vorkommnisse ab. Auffallen mußte der sich immer mehr verbreiternde Scheitel derselben, was darauf zurückzuführen war, daß sich die Welle der bayrischen Donau immer mehr der Innhauptwelle näherte und sie ungefähr bei Wien er-

reichte. Dabei spielte die Verzögerung der Flutwelle im Tullnerfeld als
Folge der Retentionswirkung desselben eine maßgebende Rolle, und dieser
Umstand erschwerte besonders die Wasserstandsvorhersage für die Strecke
unterhalb von Stein-Krems. Die Nebenflüsse der Donau in Niederösterreich trugen in keiner Weise zur Vergrößerung der Donauflutwelle bei,
da sie schon einige Tage vor dem Eintreffen derselben ihre ohnehin nur
ungefähr fünfjährigen Hochwässer ohne nennenswerte Schäden abgeführt
hatten. Im Donauraum aber, insbesondere im Machland, im Tullnerfeld
und im Wiener Becken, gab es für Tausende hilfsbereiter Hände genug zu
tun, um der Not in den überschwemmten, durch keine Dämme geschütz-
ten Gebietsteilen zu steuern und Hab und Gut der vom Hochwasser Be-

Abb. 27

*Grein,
Halterkreuz
während des
Hochwassers*

troffenen zu retten. Wie in Oberösterreich war es auch hier nur
dem vereinten Einsatz aller Kräfte einschließlich der Besatzungs-
truppen zu danken, daß darüber hinaus zahlreiche Schadensstellen
an den bestehenden Dämmen rechtzeitig abgedichtet werden konnten und
weite Landesteile hinter denselben vor einer Überflutung verschont
blieben. Der Bundeswasserbauverwaltung oblag dabei vor allem die
Sicherung der Dammsysteme von Krems bis zur Marchmündung. In rast-

losem Einsatz wurden an die 190 000 Sandsäcke und rund 6000 t Bruch-
steine verlegt und sämtliche Dämme mit Erfolg verteidigt. Die aufgetretenen Schäden blieben auf das kleinste Maß beschränkt und waren
durchwegs nur von lokaler Bedeutung.

In Wien traf die nunmehr sehr breite Flutwelle am 14. Juli ein, und
ihr Scheitel lag bei Nußdorf um 37 cm und an der Reichsbrücke um 5 cm
unterhalb des Höchststandes von 1899. Der geringe Unterschied am
Pegel Wien-Reichsbrücke ist dabei wohl auf Anlagerungen im Profil und
auf den gehemmten Abfluß im Inundationsgebiet infolge großen Pflanzen-
wuchses zurückzuführen, denn die maximale Durchflußmenge, die sich

Abb. 28

Grein,
Halterkreuz
und zerstörte
Bundesstraße
nach dem
Hochwasser

ohne Widerspruch aus den während des Hochwassers durchgeführten
vollständigen Abflußmessungen ergibt, lag mit ungefähr 9600 m³/s beträchtlich unter jener von 1899. In der Strecke unterhalb von Wien, zwischen Fischamend und Hainburg, waren höhere Höchstwasserstände als
im September 1899 zu verzeichnen, was aber in erster Linie auf den Einfluß des inzwischen verlängerten Marchfeldschutzdammes zurückzuführen
sein dürfte.

Schließlich soll noch eine Gegenüberstellung des Hochwassers 1954
mit den größten vergangenen Hochfluten erfolgen. Den besten Überblick
erhält man, wenn dabei die Wasserspiegellagen vom Juli 1954 als Bezugs-
linie dienen, wie es Abb. 29 zeigt. Die zugehörigen, in Tabelle V enthaltenen Wasserstandshöhen wurden für die Hochwässer 1501 und 1787
mit Hilfe alter Hochwassermarken und durch entsprechende Relationen
zu neueren Hochwässern für die Zwischenstationen rekonstruiert, so daß
die aufgezeichneten Spiegellagen ungefähr den heutigen Durchflußver-
hältnissen im Donaustrom entsprechen. Überaus deutlich hebt sich hiebei
die gewaltige Hochflut vom August 1501 heraus.

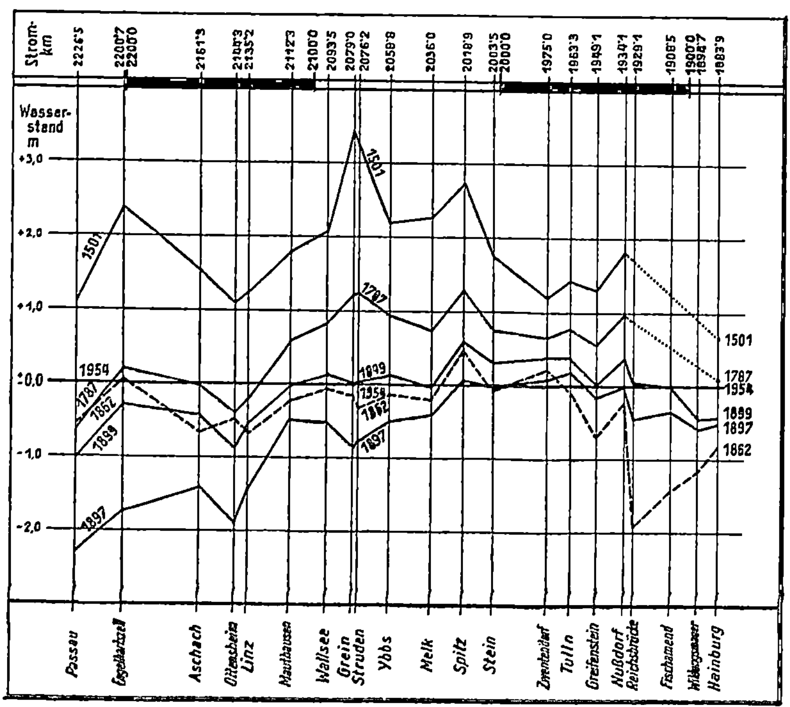

Abb. 29: Die bedeutendsten Donauhochwässer, bezogen auf das Julihochwasser 1954

B. Die Ursachen des Hochwassers

Für das Auftreten eines katastrophalen Hochwassers in einem größeren Fluß ist das Zusammenwirken von mehreren Umständen maßgebend. Die Voraussetzung für seine Entstehung bildet bei gegebenen orographischen und geologischen Verhältnissen stets eine ganz besondere Entwicklung der Witterung, vorwiegend der Niederschlags- und Temperaturverhältnisse im Rahmen einer bestimmten Großwetterlage innerhalb eines großen Teiles des Flußgebietes. Auf den Verlauf sowie auf die Größe des Hochwassers haben dann aber zahlreiche andere Faktoren, in erster Linie die Wasserführung des Hauptflusses und der wichtigsten Zubringer beim Anlaufen der Flutwelle, die zeitliche und räumliche Verteilung der Niederschlagsmenge im Einzugsgebiet und damit der Zeitpunkt, zu welchem die größeren Nebenflüsse ihre Flutwelle abführen, dann die Schneelage im Einzugsgebiet und die Wasseraufnahmefähigkeit des Bodens entscheidenden Ein-

Tabelle V.
Höchstwasserstände der bedeutendsten Donauhochfluten
Wasserstände bezogen auf die derzeit gültigen Nullpunktshöhen
und Pegelstationierungen

Pegelstelle	Strom-km	Hochwasser					
		1501	1787	1899	1954	1862	1897
Passau	2226,5	1329	1157	1118	1222	1165	992
Engelhartszell	2200,7	1232	1015	969	996	1000	825
Aschach	2161,3	965	810	770	814	748	674
Ottensheim	2144,3	1110	960	912	1001	952	812
Linz	2135,2	1085	940	907	962	895	815
Mauthausen	2112,3	1090	975	915	917	893	867
Wallsee	2093,5	1095	970	902	890	883	837
Grein	2079,0	1770	1550	1430	1430	1415	1344
Struden	2076,2	1680	1480	1360	1358	1325	1280
Ybbs	2058,8	1175	1050	971	958	943	908
Melk	2036,0	1148	995	918	923	903	882
Spitz	2018,9	1200	1055	985	929	975	934
Stein-Krems	2003,5	1070	970	927	898	890	895
Zwentendorf	1975,0	925	870	843	806	827	815
Tulln	1963,3	985	920	880	844	835	861
Greifenstein	1949,1	955	880	827	826	756	810
Nußdorf	1934,1	1005	920	862	825	800	822
Wien-Reichs-brücke	1929,1	—	—	866	861	671	816
Fischamend	1908,6	—	—	750	752	609	716
Wildungsmauer	1894,7	—	—	693	742	625	682
Hainburg	1883,9	975	915	862	906	824	854

fluß. Ausgehend von all diesen Überlegungen auf Grund der bisherigen
Beobachtungen soll nun zuerst auf die Witterungsverhältnisse, besonders
auf die Niederschläge, die das Hochwasser vom Juli 1954 verursachten,
und daran anschließend auf die einzelnen Faktoren eingegangen werden,
die auf die Größe desselben in positiver oder negativer Hinsicht ein-
wirkten.

Die am 27. Juni 1954 einsetzende stärkere Niederschlagstätigkeit im Donauraum wurde durch einen Kaltlufteinbruch hervorgerufen, der zur Bildung eines gewaltigen Tiefdruckgebietes über Mittel- und Westeuropa führte. Nach einer kurz andauernden gewissen Beruhigung begann sich am 7. Juli erneut eine ausgedehnte Tiefdruckstörung von West nach Ost zu schieben, wobei die Lufttemperaturen noch um einige Grade tiefer sanken als eine Woche vorher, was sich dann bei der Hochwasserentwicklung günstig auswirkte. Auf eine eingehendere Schilderung der meteorologischen Verhältnisse soll hier verzichtet werden; der Interessierte findet eine ausführliche Behandlung derselben in der einschlägigen Studie des Hydrographischen Zentralbüros, in der auch ein genauer Vergleich zwischen dem meteorologischen Geschehen in den Jahren 1899 und 1954 angestellt wird.

Einen Überblick über die in der Gesamtzeit vom 27. Juni bis 12. Juli und in den Zwischenzeiten in einigen ausgewählten Ombrometerstationen gemessenen Niederschlagshöhen gibt Tab. VI. Wie man daraus entnehmen kann, sind fünf Zeitabschnitte im Gang der Niederschläge zu verzeichnen. Einem Vorregen vom 27. bis 30. Juni folgten zweitägige Starkregen, wodurch die anfangs des Berichtes beschriebene Vorwelle in der Donau, im Inn und in der Salzach hervorgerufen wurde. Nach vier regenschwachen Tagen fiel dann vom 7. bis 9. Juli der für die Hochwasserkatastrophe verantwortliche Hauptregen, dem schließlich ein Nachregen folgte.

Der Vorregen vom 27. bis 30. Juni, der sich übrigens ebenso wie die späteren Regenfälle über das ganze Einzugsgebiet der Donau erstreckte, war nicht sehr ergiebig und wurde zum Teil noch vom Boden aufgenommen. Die Starkregen vom 1. und 2. Juli wiesen jedoch schon eine beachtliche Intensität auf und hatten eine starke Anschwellung der Flüsse zur Folge. Ihre Schwerpunkte lagen am Alpennordrand und im Einzugsgebiet des unteren Inns, wo innerhalb von 24 Stunden Niederschlagshöhen zwischen 60 und 100 Millimetern gemessen wurden. Vom 3. bis 6. Juli war nur eine schwache Niederschlagstätigkeit zu verzeichnen, die aber ausreichte, um ein rascheres Absinken der Wasserstände in den Flüssen zu verhindern. Während der Pegelstand am Inn bei Schärding von 625 cm am 3. Juli auf 398 cm am 7. Juli fiel, war an der bayrischen Donau nur ein Zurückgehen des Wasserstandes um ungefähr 30 cm zu beobachten.

Am 7. Juli setzten dann die Starkregen wieder ein, deren Schwerpunkte wiederum am Alpennordrand und im Alpenvorland lagen. Ihre Ausdehnung hatte jedoch beachtlich zugenommen, denn auch das tirolische Inngebiet sowie das westliche Traun- und obere Ennsgebiet wurden davon betroffen. Allerdings wirkte sich dort bereits der inzwischen eingetretene Temperaturabfall günstig aus, so daß in den höheren Lagen Schnee fiel und kein übermäßiger Abfluß zu verzeichnen war. In den

Tabelle VI.

Niederschlagshöhen in einigen Ombrometerstationen des Donaugebietes vom 27. Juni bis 12. Juli 1954

Station	Niederschlags-gebiet	See-höhe in m über Adria	Niederschlagshöhe in mm am									
			27.—30.	1.	2.	3.—6.	7.	8.	9.	10.—12.	27.—6.	7.—12.
			Juni	Juli							Juni—Juli	Juli
Oberstdorf	Iller	810	46,7	69,0	14,6	24,0	45,8	12,9	31,6	21,0	154,3	111,3
Ulm (Wetterwarte)	Donau	480	14,0	28,0	3,0	11,0	6,0	1,0	39,0	21,0	56,0	67,0
Nördlingen	Wörnitz	436	15,0	25,4	.	11,1	9,3	3,2	43,8	12,8	51,5	69,1
Reutte	Lech	870	28,2	93,7	6,0	19,8	53,5	27,3	36,0	17,3	147,7	134,1
Landsberg/Lech	Lech	632	25,0	38,1	8,3	22,6	40,8	22,6	45,5	26,8	94,0	135,7
Augsburg, St. Stephan	Lech	490	13,8	30,6	2,5	16,7	37,5	13,8	40,5	36,1	63,6	127,9
Ingolstadt	Donau	366	5,8	16,6	0,1	16,7	22,6	27,6	47,2	16,4	39,2	113,8
Alesheim	Altmühl	430	11,9	20,4	0,4	20,9	6,7	17,7	64,1	32,2	53,6	120,7
Brand	Waldnaab	576	11,4	23,8	1,7	15,0	14,0	32,0	52,0	91,0	51,9	189,0
Nabburg	Naab	370	2,5	13,4	1,3	20,1	43,2	68,6	33,6	27,7	37,3	173,1
Zwiesel	Regen	590	19,1	5,4	24,1	11,6	43,1	39,0	15.1	15,7	60,2	112,9
Regensburg	Donau	337	5,7	9,6	4,6	24,3	43,8	70,1	24,5	24,3	34,2	162,7
Pertisau	Isar	933	25,7	87,5	18,4	15,6	63,0	108,0	35,0	18,7	147,2	224,7
Einsiedl	Isar	805	29,3	130,1	16,1	31,2	110,4	110,4	65,3	42,7	206,7	328,8
Jachenau	Isar	791	29,9	115,8	16,2	23,8	130,4	145,0	121,2	35,1	185,7	431,7
München, Sternwarte	Isar	529	25,8	30,1	4,0	23,4	58,9	71,1	47,9	29,7	83,3	207,6
Hohenpeißenberg	Ammer	977	35,3	46,9	2,2	37,3	51,6	37,5	43,7	30,9	121,7	163,7
Landshut	Isar	391	13,3	14,8	3,8	8,6	49,3	94,6	44,4	26,4	40,5	214,7
Haidenburg	Vils	389	11,4	18,9	13,7	8,3	49,8	71,4	18,8	29,1	52,3	169,1
Sils-Maria	Inn	1803	47,1	34,5	.	35,8	42,3	.	.	2,0	117,4	44,3
Landeck	Inn	818	32,6	27,4	1,2	18,2	26,4	6,8	4,9	7,3	79,4	45,4
Innsbruck	Inn	582	22,4	45,7	4,7	20,4	64,9	25,2	13,3	7,4	93,2	110,8

(Fortsetzung der Tabelle umseitig)

(Fortsetzung der Tabelle VI)

Station	Niederschlags-gebiet	See-höhe in m über Adria	Niederschlagshöhe in mm am									
			27.—30.	1.	2.	3.—6.	7.	8.	9.	10.—12.	27.—6.	7.—12.
			Juni				Juli				Juni—Juli	Juli
Erzherzog-Johann-Klause	Branden-berger Ache	820	23,3	67,1	27,6	18,0	61,9	121,6	46,2	24,0	136,0	253,7
Kufstein	Inn	495	26,4	45,1	14,3	8,3	58,3	103,5	54,7	9,6	94,1	226,3
Sudelfeld, Pol.-Schule	Inn	1136	31,1	110,0	35,2	18,5	127,5	167,2	60,2	23,6	194,8	378,5
Walchsee	Großache	660	35,8	76,4	42,2	6,8	69,0	174,8	44,0	20,8	161,2	308,6
Stein	Prien	680	20,0	104,8	49,4	10,5	113,3	260,0	84,6	31,1	184,7	489,0
Seehaus	Traun	725	.	87,0	37,1	14,7	140,5	236,3	39,2	7,3	138,8	423,4
Zell am See	Salzach	754	37,7	53,9	25,9	28,0	37,2	82,6	15,7	17,5	145,5	153,0
St. Johann im Pongau	Salzach	600	34,4	42,2	5,5	19,7	30,8	47,8	1,8	6,4	101,8	86,8
Abtenau	Lammer	710	42,0	65,5	44,5	16,2	46,0	151,0	13,4	16,4	168,2	226,8
Salzburg	Salzach	435	20,0	66,2	19,8	26,6	45,5	135.0	32,3	12,1	132,6	224,9
Lofer	Saalach	640	35,1	77,6	39,5	16,4	58,6	174,4	11,6	12,2	168,6	256,8
Reichenhall	Saalach	467	34,3	87,3	47,4	27,2	67,1	212,0	35,2	22,1	196,2	336,4
Braunau	Inn	340	5,3	44,8	17,8	7,2	44,6	88,1	15,2	27,0	75,1	175,1
Straßwalchen	Mattig	550	13,7	83,5	34,7	19,1	78,1	139,0	25,2	31,2	151,0	273,5
Schärding	Inn	320	5,6	31,2	24,9	6,1	53,4	64,2	12,2	34,9	67,8	164,7
Oberkappel	Ranna	496	7,0	30,4	39,8	14,2	53,1	47,1	12,9	31,7	91,4	144,8
Peuerbach	Aschach	390	9,1	33,0	38,1	11,8	45,2	49,5	11,7	26,9	92,0	133,3
Waxenberg	Gr. Rodl	760	23,8	31,5	60,0	7,4	56,0	78,3	4,5	13,9	122,7	152,7
Linz	Donau	260	15,0	36,2	46,0	9,0	44,2	48,5	3,1	19,3	106,2	115,1
Bad Ischl	Traun	480	40,1	54,9	41,4	17,0	52,3	93,5	23,0	11,5	153,4	180,3
Scharfling	Ager	485	27,0	70,0	28,0	18,8	78,8	207,0	21,8	16,6	143,8	324,2
Wels	Traun	315	31,4	35,4	45,6	16,4	42,4	54,2	8,4	13,2	128,8	118,2
Kremsmünster	Krems	388	19,0	40,0	34,0	12,4	45,9	80,4	3,3	26,4	105,4	156,0
Radstadt	Enns	856	45,9	45,8	9,8	23,5	15,8	80,6	9,7	9,0	125,0	115,1

(Schluß der Tabelle VI)

Station	Niederschlags-gebiet	See-höhe in m über Adria	Niederschlagshöhe in mm am									
			27.—30.	1.	2.	3.—6.	7.	8.	9.	10.—12.	27.—6.	7.—12.
			Juni				Juli				Juni—Juli	Juli
Admont-Kaiserau	Enns	1120	58,0	17,0	18,0	27,0	38,0	35,0	6,0	20,0	120,0	99,0
Wildalpen	Salza	590	34,2	8,2	23,5	20,7	28,6	12,8	3,2	18,4	86,6	63,0
Reichraming	Enns	380	29,2	31,5	19,8	7,4	46,6	80,7	2,8	26,1	87,9	156,2
Klaus	Steyr	470	43,0	20,8	68,7	9,9	68,0	101,0	4,2	49,0	142,4	222,2
Steyr	Enns	336	31,2	43,5	34,7	6,4	48,5	56,1	1,1	21,7	115,8	127,4
Freistadt	Aist	548	11,2	27,0	34,4	9,1	45,2	47,5	0,4	5,7	81,6	98,8
Lunz am See	Ybbs	530	30,1	6,0	46,0	23,0	44,0	20,0	11,0	22,0	105,1	97,0
Amstetten	Ybbs	275	22,9	19,9	34,2	5,8	40,4	41,8	0,3	19,0	82,8	101,5
Melk	Donau	245	6,4	6,5	12,6	10,0	28,6	6,8	0,6	1,2	35,5	37,2
Ottenschlag	Krems	840	32,9	6,0	23,1	8,0	24,6	15,1	0,3	1,3	70,0	41,3
St. Pölten	Traisen	260	33,7	5,0	25,9	5,2	25,9	1,0	0,2	1,9	69,8	29,0
Rappottenstein	Kamp	670	24,4	10,0	32,2	8,2	27,0	21,8	0,3	1,9	74,8	51,0
Grafenwörth	Kamp	190	15,0	.	15,3	17,5	27,8	2,9	.	2,4	47,8	33,1
Maißau	Schmida	340	7,4	6,6	17,6	6,8	23,0	9,3	2,0	3,0	38,4	37,3
Wien-Hohe Warte	Donaukanal	203	9,1	3,0	28,0	18,2	35,0	0,3	2,0	1,1	58,3	38,4
Gutenstein	Piesting	480	49,7	1,1	22,5	16,5	37,6	1,9	1,5	5,5	89,8	46,5
Bockfließ	Rußbach	170	7,1	1,5	29,9	13,1	61,0	0,3	4,2	0,3	51,6	65,8
Allentsteig	Thaya	540	20,7	13,6	31,0	14,5	22,5	12,9	0,8	1,0	79,8	37,2
Laa a. d. Thaya	Thaya	187	6,0	1,0	61,0	2,0	40,0	2,0	8,0	.	70,0	50,0
Hohenau	March	155	17,8	16,8	49,7	15,1	28,3	3,5	6,3	.	99,4	38,1
Semmering	Schwarza	995	51,0	0,7	11,8	17,5	34,1	.	1,5	5,3	81,0	40,9
Wr. Neustadt	Leitha	271	116,2	7,0	2,0	3,0	52,0	2,0	4,0	9,0	128,2	67,0
Bruck an der Leitha	Leitha	170	2,6	1,5	17,2	1,3	27,2	0,7	3,8	1,2	22,6	32,9
Neusiedl am See	Neusiedler See	140	0,3	0,9	9,5	0,2	24,0	2,2	2,7	4,6	10,9	33,5

tiefer liegenden Einzugsgebieten des Inns und der bayrischen Donau jedoch wirkte sich dieser Starkregen, der sich in den Kerngebieten bei Intensitäten von 5 bis 10 mm/Std. über 48 Stunden erstreckte, verheerend aus. Die ungeheuren Niederschlagsmengen flossen infolge der totalen Sättigung des Bodens ohne große Speicherung ab und ließen die Gewässer im betroffenen Gebiet mächtig anschwellen. In der Donau lösten dann diese Zuflüsse wegen der bereits erwähnten, von der Vorwelle herrührenden großen Wasserführung das katastrophale Hochwasser aus. Die beigeschlossene Isohyetenkarte für die Zeit vom 7. bis 12. Juli vermittelt ein Bild von der Ausdehnung und der Intensität dieses Starkregens. Die Isohyeten sind darin ohne Rücksicht auf das Gelände zügig eingezeichnet, um eine geschlossene Darstellung zu ermöglichen. Tatsächlich traten an einzelnen Orten gleicher Höhenlage in Abhängigkeit von den lokalen Strömungsverhältnissen größere Unterschiede in den Niederschlagsmengen auf. Die größte Tagesniederschlagshöhe in Österreich wurde im Einzugsgebiet der Ager in Scharfling verzeichnet und betrug 207 mm. In Bayern wurden jedoch noch bedeutend höhere Werte gemessen, beispielsweise 260 mm innerhalb 24 Stunden und 388 mm innerhalb 48 Stunden in der Station Stein am Alpennordrand.

Die Niederschläge vom 7. bis 9. Juli mußten vermöge ihrer großen Intensität und gewaltigen Ausdehnung zwangsläufig ein außerordentliches Donauhochwasser hervorrufen, doch waren noch gewisse Vorbedingungen notwendig, um dieses zu einem derartigen Katastrophenereignis anwachsen zu lassen. Wie schon mehrmals angedeutet, war dabei der Umstand von entscheidender Bedeutung, daß die Flutwellen des Inns und der bayrischen Donau auf außergewöhnlich hohen Wasserständen aufbauen konnten. Durch die vorangegangenen Regenfälle war bereits eine gewisse Hochwasserbereitschaft gegeben, die sich beispielsweise im Jahre 1899 vermutlich noch schlimmer ausgewirkt hätte. Diese Vorregen hatten aber auch zur Folge, daß die Wasseraufnahmefähigkeit des Bodens im gesamten Einzugsgebiet praktisch erschöpft war und ein ungewöhnlich hoher Prozentsatz der Niederschläge ohne Retention sofort abfloß. Hier tritt somit klar die anfangs angedeutete Zusammenwirkung zweier Faktoren zutage.

Schließlich müssen auch die günstigen Umstände genannt werden, die ein noch stärkeres Anwachsen des Donauhochwassers vom Juli 1954 verhinderten. Am bedeutungsvollsten war dabei zweifellos die Tatsache, daß infolge des starken Temperaturrückganges die Hauptniederschläge in den höheren Lagen als Schnee fielen und daher gespeichert wurden. Im Salzburger Alpengebiet betrug die Schneehöhe fast einen Meter und die Schneegrenze reichte anfänglich bis gegen 800 m Seehöhe herab. Dieser Temperaturabfall steht zweifellos in Beziehung zum Vorregen, der sich

andererseits so ungünstig auswirkte. Aus dieser engen, aber variations-
reichen Verbundenheit sowohl der günstigen wie auch der ungünstigen
Faktoren resultiert eben die Erkenntnis, daß in bezug auf den Ablauf
und die Größe eines Donauhochwassers viele Möglichkeiten bestehen, da
in ihm die Summe aller Faktoren zum Ausdruck kommt und eine weit-
gehende Analyse nur in Sonderfällen möglich ist.

Im günstigen Sinne wirkten sich auf das Juli-Hochwasser in der
niederösterreichischen Donaustrecke endlich die geringe Wasserführung
der Traun und Enns sowie der niederösterreichischen Zubringer im Zeitpunkt des Anlaufes der Donauwelle aus, wie schon im ersten Abschnitt
festgestellt wurde. Der Grund dafür liegt in der ostnordost verlaufenden

Wetterentwicklung, die somit eine ähnliche Verschärfung der Lage wie
im September 1899 verhinderte.

Andere Ursachen als die beschriebenen gibt es für das Auftreten des
katastrophalen Donauhochwassers vom Juli 1954 wohl nicht. Ob die in
den letzten Jahrzehnten vorgenommenen Eindeichungen an der Donau
in Bayern, durch die größere Überschwemmungsgebiete ausgeschaltet
wurden, dabei eine wesentliche Rolle spielten, müßte von den zustän-

Abb. 31

*Tulln, rechtes
Donauufer
oberhalb der
Brücke*

digen bayrischen Stellen untersucht werden. Dagegen dürfte es sich
erübrigen, auf die manchmal noch zu hörende Meinung einzugehen, daß
die Verminderung der Waldfläche an den Hochwasserkatastrophen die
Schuld trage. Diese Behauptung wurde vom Hydrographischen Zentralbüro schon vor fünfzig Jahren und in jüngster Zeit unter anderem auch
durch italienische Fachleute anläßlich des großen Po-Hochwassers 1951
überzeugend widerlegt.

C. Erkenntnisse und Folgerungen

Während die Frage nach den Ursachen der Hochwasserkatastrophe
vom Juli 1954 einen größeren Kreis interessiert und deren Beantwortung
allein schon zufriedenstellt, ergibt sich für den Techniker nach einem derartigen Geschehen eine Reihe von Problemen. In erster Linie erwartet der
planende Ingenieur vom Hydrographen eine möglichst exakte Aussage
über das durchschnittliche Auftreten eines solchen Hochwassers, oder
anders ausgedrückt, die Angabe der zur Häufigkeit Eins zugehörigen
Anzahl von Jahren. Da sich diese Aussage jedoch über einen Zeitraum
erstreckt, der größer ist als jener, für welchen verläßliche Beobachtungen

vorliegen, ist sie eng mit dem Begriff der Wahrscheinlichkeit verbunden.
Es kann also der Abstand derartiger katastrophaler Naturvorgänge nicht
festgelegt, sondern lediglich vom Standpunkte der Wahrscheinlichkeitsrechnung ein Erwartungswert für das durchschnittliche Auftreten verschieden großer Hochwässer angegeben werden. Der projektierende Ingenieur kann aber auf Grund dieses Erwartungswertes die Frage entscheiden, ob die bestehenden Schutzbauten für die öffentliche Sicherheit

Abb. 32

Altenberg-
Muckendorfer-
Damm,
Aufhöhung der
Dammkrone

ausreichen oder ob eine Verstärkung der Abwehrmaßnahmen, insbesondere eine Erhöhung der Hochwasserdämme, notwendig ist. Finanzielle
Erwägungen müssen dabei wohl angestellt und gewisse wirtschaftliche
Grundsätze eingehalten werden, doch dürfen sie dort nicht den Ausschlag
geben, wo das Leben von Menschen auf dem Spiele steht.

Das Hydrographische Zentralbüro in Wien befaßt sich schon seit
längerer Zeit mit der Festlegung der Häufigkeit der Hochwässer der
Donau und ihrer wichtigsten Zubringer. Ein Teil dieser Arbeiten, bei
denen nach den strengen Regeln der Wahrscheinlichkeitsrechnung mehrere Profile eines Gewässers, also der ganze Flußlauf jeweils als Ganzes
behandelt wird, konnte bereits im Frühjahr 1954 abgeschlossen werden.
Der Umfang des bis dahin zur Verfügung stehenden Kollektivs hat durch
das Juli-Hochwasser jedoch eine wertvolle Erweiterung erfahren, so daß
eine nochmalige Durchrechnung erfolgen mußte. Selbstverständlich sind
die Unterschiede, die sich bei der Donau gegenüber den früheren Berechnungen und daher auch gegenüber etwaigen früheren Angaben ergeben,
je nach Profil verschieden groß, aber auch die Häufigkeit des Juli-Hochwassers an sich ist für die ober- und niederösterreichische Strecke verschieden, entsprechend dem ungleichen Verhältnis der dabei verzeichneten
Durchflußmengen in bezug auf die bisherigen Werte. Da diesen Unter-

suchungen, in die dann auch noch das Jahr 1955 aufgenommen wurde, der nächste Abschnitt gewidmet ist, sollen hier lediglich einige das Juli-Hochwasser 1954 betreffende Aussagen gemacht werden. Demnach ist ein derartiges Hochwasser in der oberösterreichischen Donaustrecke durchschnittlich einmal in hundertvierzig Jahren zu erwarten, während es für die Donau bei Wien nur ein ungefähr vierzigjähriges Ereignis darstellt. Als Wahrscheinlichkeit W (HQ) für das jährliche Auftreten einer grö-

Abb. 33

Wien, rechtes Ufergelände der Donau unterhalb der Ostbahnbrücke

ßeren Hochwassermenge, allgemein als Überschreitungswahrscheinlichkeit bezeichnet, ergeben sich somit die Werte 0,00714 bzw. 0,025.

Wie man sieht, handelte es sich beim Juli-Hochwasser nur in bezug auf die oberösterreichische Donaustrecke um ein säkulares Ereignis. Für die Donau bei Wien und unterhalb davon bedeutete es jedoch ein Vorkommnis, das innerhalb eines verhältnismäßig kurzen Zeitraumes durchschnittlich zu erwarten ist. Aus dieser Erkenntnis resultieren auch entsprechende Folgerungen hinsichtlich des Hochwasserschutzes.

Die Katastrophe im oberösterreichischen Raum hat gezeigt, daß dort bestimmte Abwehrmaßnahmen dringend erforderlich sind, insbesondere was die Landeshauptstadt Linz betrifft. Als unaufschiebbar erweist sich wohl die Räumung des dortigen Inundationsgebietes von allen in den

letzten Jahren aufgestellten Bauten und die baldige Herstellung der
ursprünglichen Profilsverhältnisse. Für die Zukunft wäre ein generelles
Bauverbot für sämtliche Inundationsflächen im gesamten Bundesgebiet
und strikteste Einhaltung desselben erforderlich. Auf längere Sicht hinaus
wäre aber ein großzügiges Projekt für einen dauernden Hochwasserschutz
der Stadt Linz ins Auge zu fassen und auch auszuführen. Inzwischen
wurde ein derartiges Projekt vom Magistrat der Stadt Linz verfaßt und

Abb. 34

*Sicherung des
linken
Rußbachdammes*

der Obersten Wasserrechtsbehörde vorgelegt. Damit ist ein hoffnungs-
voller Anfang gemacht, um so mehr, als der erste Bauabschnitt dem-
nächst in Angriff genommen werden soll. Ein Schutz der übrigen oberösterreichischen Donaustrecke wird sich dagegen wohl erst im Zuge der
Wasserkraftnutzung ergeben. Das Beispiel der Innkraftwerke hat überzeugend bewiesen, daß mit dem Ausbau der Wasserkräfte ohne weiteres
auch die Ziele und Aufgaben der übrigen Zweige der Wasserwirtschaft
verbunden und erfüllt werden können.

In Niederösterreich dagegen hat es sich gezeigt, daß die bestehenden
Dammsysteme bei einem Hochwasser dieser Größe eine genügende Sicher-
heitshöhe besitzen. Lediglich einzelne Dämme, wie der Nordwestbahn-
damm, erfordern dringend eine Aufhöhung. Die Tatsache, daß die
Dämme im Wiener Becken einen ausreichenden Schutz boten, sollte aber
nicht zu Fehlschlüssen oder zu Sorglosigkeit verleiten. Man darf nicht
vergessen, daß sich das Juli-Hochwasser in der niederösterreichischen
Donaustrecke äußerst günstig entwickelte und daher auch nur ein ungefähr vierzigjähriges Ereignis darstellt. Aber bereits eine kleine Änderung in der Wetterentwicklung hätte beispielsweise ein großes Traun-
und Ennshochwasser oder eine beachtliche Verzögerung desselben hervor-

rufen können, wodurch sich eine bedeutend größere Hochwassermenge
bei Wien und in der anschließenden Donaustrecke ergeben hätte. Ob alle
Schutzdämme in diesem Falle standgehalten und ausgereicht hätten, kann
nicht gesagt werden. Auch im Wiener Becken wäre daher vorerst zumindest eine rasche Wiederherstellung der ursprünglichen Profilsverhältnisse
anzustreben und auf längere Sicht hinaus an einen erhöhten Schutz, insbesondere der Bundeshauptstadt, zu denken. Ob derselbe mit dem Bau
eines Donaukraftwerkes bei Wien zweckmäßig verbunden werden kann,
bleibt noch abzuwarten, doch wäre dies durchaus denkbar.

Die Hochwässer der Jahre 1899 und 1954 sind die beiden katastro-
phalsten Erscheinungen, die seit der Gründung des Hydrographischen
Dienstes zu verzeichnen waren und daher einer genauen analytischen
Untersuchung unterzogen werden können. Es liegt nun die Frage nahe,
welche Wahrscheinlichkeit für ein Hochwasserereignis besteht, dessen
genetische Bedingungen als eine Kombination der für die beiden Hochwässer 1899 und 1954 jeweils ungünstigeren Voraussetzungen angesehen
werden, und wie sich ein solches Ereignis bei gleichen Durchflußverhält-
nissen im Raume von Wien hinsichtlich seiner Scheitelhöhe auswirken
würde. Bei der Beantwortung dieser Frage in bezug auf ein bestimmtes
Profil handelt es sich um die Berechnung der Wahrscheinlichkeit für den
Eintritt eines Ereignisses, dessen logische Struktur durch eine konjunktive
Verknüpfung von untereinander unabhängigen Bedingungen (Anlauf-
niveau, Scheitelerhebung der von oben kommenden Flutwelle, Wasserführung der Zubringer) definiert erscheint. Die Lösung liegt demnach in
der Anwendung des speziellen Multiplikationstheorems der Wahrscheinlichkeitsrechnung und besagt, daß ein solches Kombinationshochwasser
tatsächlich ein mehr als säkulares Ereignis darstellen würde. Die Scheitel-
erhöhung gegenüber dem Hochwasser 1899 dürfte im niederösterreichischen Bereich bis Krems gegen 20 cm und bei Wien ungefähr 10 cm, bezogen auf die damaligen Profilsverhältnisse, betragen. Dieses rein rech-
nungsmäßige Ergebnis darf aber nicht darüber hinwegtäuschen, daß auch
ein höheres Hochwasser jederzeit eintreten kann. Die Wahrscheinlichkeitsrechnung vermag jedoch keine Aussage über den Zeitpunkt, sondern
nur über die Wahrscheinlichkeit des Eintreffens zu machen. Im übrigen
sind aber selbst diese Aussagen mit Vorsicht aufzunehmen, da die Zahl
der Erscheinungen, aus denen sie hergeleitet werden, zu klein ist, um
mehr als einen Richtwert erwarten zu lassen.

2. Das Hochwasser im Juli 1955

Zur selben Zeit wie ein Jahr vorher führte vom 3. bis 9. Juli 1955 eine ähnliche Wetterentwicklung zu mehrtägigen ergiebigen Niederschlägen über ganz Mitteleuropa und in deren Gefolge neuerlich zu einem, allerdings weniger großen Hochwasser in der österreichischen Donau. Auch diesmal gingen dem eigentlichen Hochwasserregen bereits ab 26. Juni ausgedehnte Niederschläge voran, die aber gerade im Salzach- und unteren Inngebiet nur teilweise stärkere Intensität erlangten und daher zu keiner Vorwelle, wohl aber zu ähnlich hohen Anlaufwasserständen wie 1954 führten. Weiter nördlich an der Donau und im Mühlviertel wurden dagegen größere Niederschläge gemessen. Dort traten, und zwar fast überall am 27. Juni, auch die höchsten Tagesniederschläge auf, mit Werten von 70 bis 75 mm im Innviertel sowie in der Stadt und Umgebung von Linz und mit beinahe 100 mm im Mühlviertel. Die folgenden Tage bis zum Beginn des Hauptregens brachten mit Ausnahme des 1. Juli weitere Niederschläge und nur ganz wenige Stationen von Tirol bis Niederösterreich waren an einzelnen Tagen regenfrei.

Am 3. Juli trat eine weitere und wesentliche Verschlechterung der Wetterlage ein, indem sich ein starkes Druckfallgebiet über den britischen Inseln, vor allem durch Vorgänge in höheren Schichten der freien Atmosphäre bestimmt, nach Norddeutschland verlagerte und sich von dort aus nach Süden ausbreitete, bis es schließlich am 7. Juli über dem Alpenraum stationär wurde. Gleichzeitig stieß von den Azoren ein Hochdruckgebiet nach Norden vor und führte zu einem Druckgefälle zwischen West- und Mitteleuropa, wodurch eine ständige, vom Ozean gegen den Kontinent gerichtete Luftbewegung entstand. Auf diese Weise wurde besonders dem Alpengebiet durch eine NordweststrHauptmung kühle und feuchte Meeresluft direkt von der Nordsee zugeführt, die sich am Gebirge staute und dadurch die ergiebigen Hauptregenfälle vom 6. bis 9. Juli auslöste. Die Niederschlagstätigkeit verstärkte sich infolge Verlagerung eines Karpatentiefs gegen die Ostalpen und Aufgleitens von Warmluft aus der Ukraine sehr rasch und dehnte sich schließlich über ganz Mitteleuropa aus. Von München bis Belgrad reichte nun die Hauptregenzone, die sich nordwärts bis zur Linie Dresden—Lemberg erstreckte. Glücklicherweise blieben die am 8. Juli im Inngebiet, am 7. und 8. Juli im Salzach-, Traun- und Ennsgebiet sowie am 8. und 9. Juli im niederösterreichischen Donaugebiet verzeichneten maximalen Tagesniederschläge beträchtlich unter jenen des Vorjahres. Der 10. Juli war dann fast überall niederschlagsfrei, doch schon am 11. Juli setzte im ganzen Donaugebiet ein Nachregen ein, der bis zum 14., im Osten bis zum 15. Juli anhielt. Obwohl vereinzelt noch größere Niederschlagsmengen fielen, nahmen die Wasserstände in den Vorflutern, wenn auch langsam, aber weiterhin ab.

Wie im Vorjahr zeigten vor dem Anlaufen der Hochwasserwelle fast alle Gewässer infolge der vorangegangenen Niederschläge sehr hohe Pegelstände. An der Salzach lagen sie nur um 40 cm unter denen vor dem Hochwasser 1954, am unteren Inn sogar ebenso hoch wie damals, das heißt zirka 120 cm über dem Jahresmittel, und an der bayrischen Donau auch nur um wenige Zentimeter darunter. Dementsprechend wies die Donau in Österreich ebenfalls hohe, 110 bis 130 cm über dem langjährigen Mittelwert liegende Ausgangswasserstände auf, was für die folgende Hochwasserentwicklung selbstverständlich sehr förderlich war.

Im tirolischen Inn sowie in der oberen Salzach konnte noch keine eigentliche Flutwelle, sondern lediglich eine geringe Anschwellung der Wasserführung beobachtet werden. Bemerkenswert gestaltete sich jedoch der Hochwasserverlauf in den unteren Bereichen dieser beiden Flüsse. Hier trat der seltene Fall ein, daß Inn- und Salzachwelle sich nicht wie in der Regel überlagerten, sondern die Kulmination im Inn bei Schärding um genau einen Tag vor dem Eintreffen der Salzachwelle erfolgte. Diesem Umstand war es auch zuzuschreiben, daß die Höchststände in der Donau unterhalb von Passau nicht durch die eigentliche Flutwelle des Inns, sondern durch die nachfolgende Salzachwelle hervorgerufen wurden. Diese durchlief eineinhalb Tage später als deutlich erkennbare, zirka 60—70 cm niedrigere Nachwelle den unteren Inn und war im Verein mit der noch steigenden bayrischen Donau entscheidend für die kritische Entwicklung in der österreichischen Donaustrecke. Die in der Abb. 35 dargestellten Wasserstandsganglinien zeigen bis zur Traun und Enns klar einen starken Anstieg durch die Innwelle mit anschließender Beharrung, worauf wieder ein Steigen bis zur Kulmination folgt.

Eine erste Umbildung erfuhr die Flutwelle der Donau durch die Traun und eine weitere, wesentliche durch die Enns. Während in Linz und auch noch in der unterhalb der Traunmündung liegenden Pegelstation Abwinden der Scheitelwasserstand am 11. Juli eintrat, wurde er bei Mauthausen schon einen Tag früher durch die Flutwelle der Enns hervorgerufen. Diese erreichte um die Mittagsstunden des 10. Juli die Mündungsstelle und konnte gemeinsam mit der kurz vorher eingetroffenen Traunwelle die Kulmination in der Donau somit um mehr als 24 Stunden vorverlegen. Dadurch trat der Höchststand in Stein-Krems am selben Tage wie in Linz ein. Auch die Ybbs hatte eine relativ hohe Flutwelle aufzuweisen, die nur in den Jahren 1899 und 1920 übertroffen wurde. Ebenso führten die niederösterreichischen Bäche und Flüsse stark Hochwasser und vermochten die Donauwelle merklich zu verbreitern. Der gemeinsamen Wirkung der Zubringer von der Traun bis zum Kamp war es denn auch zuzuschreiben, daß die Flutwelle der Donau lediglich im Tullnerfeld etwas verflachte und beim Verlassen des österreichischen

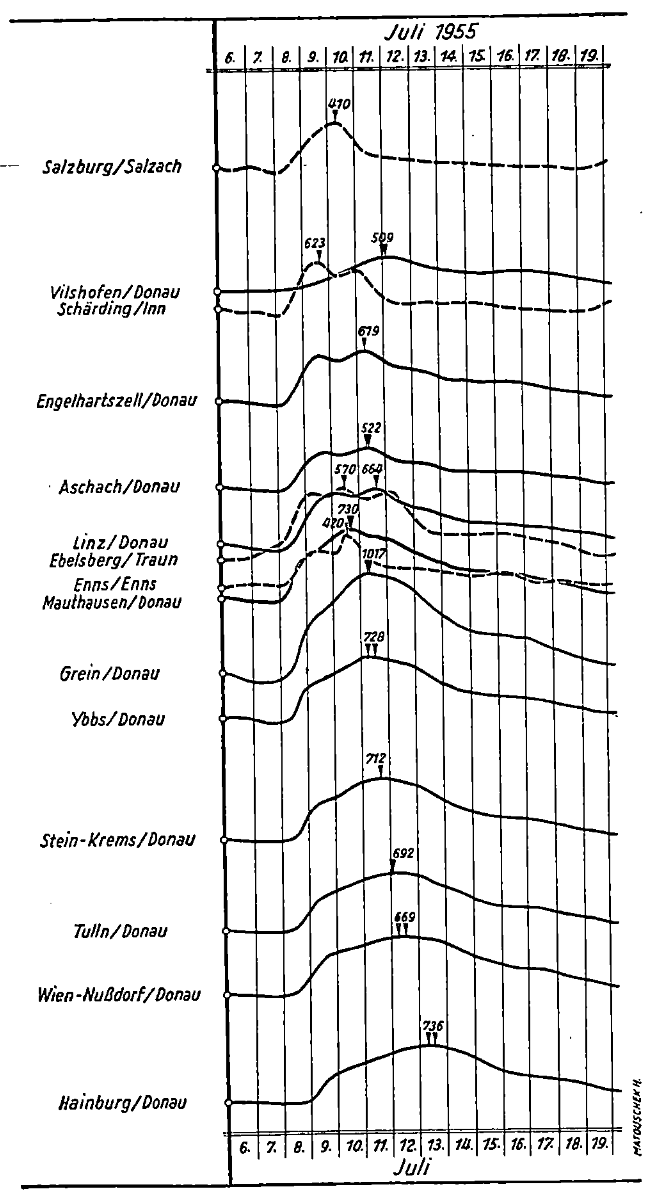

Abb. 35
Flutwellen-
verlauf im
Juli 1955

Staatsgebietes bei Hainburg eine größere Höhe als bei ihrem Eintreten unterhalb von Passau aufwies. Trotzdem lagen die Höchstwasserstände auch im niederösterreichischen Donauabschnitt beträchtlich, in Wien-Nußdorf z. B. um 156 cm, unter jenen des Katastrophenjahres 1954.

3. Die Eisstoßerscheinungen und das Hochwasser im März 1956

Kaum waren die großen, durch das Juli-Hochwasser 1954 verursachten Schäden notdürftig beseitigt und die Erregung über das Hochwasser des Nachfolgejahres abgeebbt, als neue und leider auch vielfach übertriebene Katastrophenmeldungen aus dem Donaugebiet eintrafen. Diesmal gaben in erster Linie die Eisstoßbildungen ober- und unterhalb von Passau und die damit zusammenhängenden Stauerscheinungen Anlaß zur Beunruhigung, während die anschließende Regen- und Tauflut wider manche Befürchtung glatt ablief. Die zeitliche Nähe und der interessante Verlauf des ganzen Ereignisses rechtfertigen zweifellos eine kurze Beschreibung desselben.

Einem milden Dezember und Jänner folgte am 27. Jänner 1956 ein jäher Temperaturrückgang als Auswirkung des Einbruches kontinentaler Kaltluftmassen gegen Mitteleuropa. Die damit einsetzende Kälte konnte sich dann wochenlang halten, da die vorherrschenden Strömungen in der Atmosphäre laufend neue Kaltluft aus dem Osten heranbrachten. Der Februar war dabei witterungsmäßig ähnlich dem extrem kalten Februar 1929; die negativen Abweichungen vom Temperatur-Normalwert lagen zwischen 7 und 11 Grad Celsius, für den Großteil von Österreich um 9 Grad Celsius, wobei das Temperaturminimum im Donautal am 10. Februar auftrat und unterhalb von Passau minus 29 Grad Celsius betrug. An den meisten Gewässern kam es daher bald zu starker Eisbildung, und viele Alpenseen und Flußabschnitte froren vollkommen zu. Auch an der Donau bildete sich noch in den letzten Jännertagen Randeis und nach dem weiteren Absinken der Temperaturen setzte Anfang Februar ein lebhaftes Eistreiben ein, das schließlich zu starken Eisversetzungen führte, von deren Ausmaß die beigegebenen Bilder einen Eindruck vermitteln. Neben Eisstoßbildungen auf der Donau in der österreichisch-tschechoslowakischen und in der deutsch-österreichischen Grenzstrecke oberhalb von Jochenstein trat insbesondere im Bereiche der Stadt Vilshofen ein Eisstoß in der bayrischen Donau auf, der größere Überflutungen und einen lebhaften Meinungsstreit über den Einfluß der Kraftwerke auf die Eisverhältnisse zur Folge hatte. Am 4. Februar erreichte der Wasserstand am Pegel Vilshofen mit 720 cm einen alarmierenden Höchstwert und lag damit über der Höhe des Jahres 1954. Glücklicherweise führten die leicht ansteigenden Temperaturen und die stetige Abnahme der Wasserführung bald zu einer Entschärfung der Lage. Auch nach einem neuerlichen Kälteeinbruch am 9. Februar blieb die Gefahr einer größeren Überflutung, nicht zuletzt dank der Zusammenarbeit aller Stellen, gebannt. Die in den Stauräumen der Donaukraftwerke Jochenstein und Kachlet eingesetzten Eisbrecher waren dabei pausenlos, wenn auch

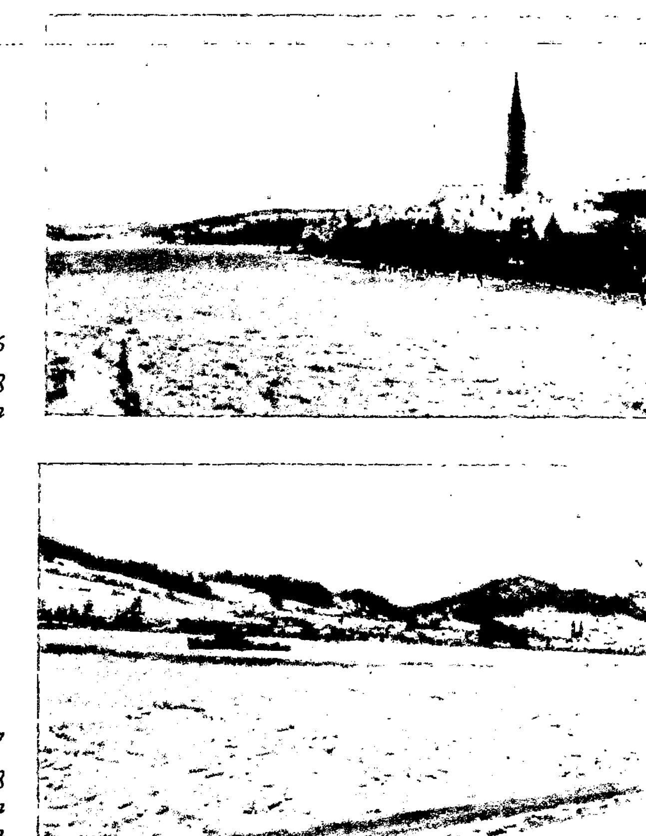

Abb. 36

Eisstoß
bei Vilshofen

Abb. 37

Eisstoß
oberhalb von
Jochenstein
bei Obernzell

mit wechselndem Erfolg, um die Aufrechterhaltung einer Fahrrinne und um die Eisabtrift bemüht.

Gegen Ende des Monats Februar kam es endlich zu einer Abschwächung der extrem winterlichen Lage, da die Zuführung neuer Kaltluft allmählich aufhörte und sich ein Azorenhoch bilden konnte. Mit dem Aufleben der nordatlantischen Tiefdrucktätigkeit stellte sich dann eine Westwetterlage ein, und milde maritime Luftmassen kamen in das Innere

des Kontinents. Ab 29. Februar gestaltet sich die Westwetterlage zu einer
Sturmwindlage, und die gleichzeitige Drehung der Hauptwindrichtung
auf Nordwest verstärkte wesentlich die Zufuhr von neuer Warmluft. Die
Temperaturen stiegen an, und schon am 1. März setzten Niederschläge
ein, die einen Tag später zu ausgedehnten und intensiven Flächenregen
über fast ganz Mitteleuropa übergingen. Dadurch wurde auch die im
Gange befindliche Schneeschmelze, vor allem im Gebirge, außerordentlich gefördert.

Die niederschlagsreichsten Tage waren der 2. und besonders der
3. März, an denen es gleichzeitig vom Arlberg bis zum Leithagebirge
regnete, im Gebirge ebenso wie im Vorland und nördlich der Donau.
Wie gewöhnlich fielen die höchsten Niederschläge in den nördlichen Alpen
und im Alpenvorland, wo an mehreren Orten Tagessummen von über
100 mm gemessen wurden. Im Durchschnitt lagen die täglichen Niederschlagshöhen zwischen 60 und 80 mm und sanken nur gegen die Donau
hin, im Mühlviertel und in Niederösterreich auf 40 bis 50 mm, vereinzelt
auf 30 mm herunter. Der 2. März tritt dabei wohl in wenigen Stationen
als regenstärkster Tag auf, doch steht er dem 3. März hinsichtlich der
Niederschlagsfracht trotzdem nicht viel nach. Am 4. März wurden dann
nur noch gebietsweise leichtere Regenfälle gemeldet und am 5. März
setzten bereits Kälterückfälle ein, die zur Wiederherstellung der Frost-
lage im Alpengebiet und schließlich zu einem anhaltenden Märzwinter
führten.

Schneeschmelze und Regenfälle ließen fast alle Bäche und Flüsse
gleichzeitig am 2. März anschwellen. Tags darauf war infolge der Starkregen erneut ein vehementer Anstieg der Wasserführung, insbesondere
in den Vorlandflüssen, zu verzeichnen. Glücklicherweise lagen die Anlauf-
wasserstände nach der langen Frostzeit außerordentlich tief, zum Beispiel
an der unteren Salzach und am Inn zirka 90 cm, an der österreichischen
Donau 130 bis 150 cm unter dem normalen Jahresmittel, so daß keine
extrem hohen Pegelstände erreicht wurden. Lediglich an der Donau in
Bayern und auch unterhalb von Passau bis zur Kraftstufe Jochenstein
lagen die Verhältnisse wegen des Eisstaues anders. Der große Eisstoß
oberhalb des Kachletwerkes erreichte am 3. März eine Länge von mehr
als 30 km, aber auch bei Regensburg hatte sich eine gewaltige Eis-
schoppung gebildet. Bedingt durch den Rückstau waren die Wasserstände
in der bayrischen Donau somit fast durchwegs bedeutend höher als in
den anderen Gewässern und erhoben sich in einigen Abschnitten mehr
als 2 m über das langjährige Mittel. Die Lage gestaltete sich daher bei
Einbruch des Tauwetters an einigen Punkten sehr kritisch, vor allem im
Bereich der Stadt Vilshofen. Dort stieg der Wasserstand in der Nacht
vom 3. auf 4. März, während der sich der Eisstoß in Bewegung setzte,

steil an und übertraf mit einer Höhe von 720 cm sogar den Scheitelwert
während des Juli-Hochwassers 1954. Nach Abgang des Eisstoßes sanken
die Pegelstände jedoch rasch wieder bis unter 600 cm ab.

Im Stauraum des Kraftwerkes Jochenstein lösten sich bereits in der
Nacht vom 1. auf 2. März einzelne Eisversetzungen, und in den Früh-
stunden des 2. März 1956 begann die Abfuhr des Eises durch die Wehr-
öffnungen. Zur selben Zeit gerieten der Inneisstoß in seiner ganzen Länge

Abb. 38 Donaukraftwerk Jochenstein, Eisbildungen im Stauraum

bis zur Mündung wie auch ein Teil der Eismassen im Passauer Bereich in
Bewegung, setzten sich aber bald wieder fest. Diese Eisaufschiebungen
hatten ein kurzes Ansteigen der Wasserstände bei Passau zur Folge, doch
erreichten dieselben keine beunruhigende Höhe mehr und fielen sehr
bald wieder rasch ab. Um 15 Uhr des 2. März kam durch die zunehmende
Wasserführung der Donau schließlich der gesamte, mehr als 25 km lange
Eisstoß im Stauraum Jochenstein in Bewegung und konnte ohne besondere
Vorkommnisse in das Unterwasser abgetriftet werden. Gegen Abend
wurde mit dem Wiederaufstau begonnen, da nur noch einzelne Eisschollen
die Wehrstelle passierten, und schon am 3. März mittags war der gesamte Stauraum der Kraftstufe eisfrei. In der Donaustrecke zwischen
Engelhartszell und Linz machte sich der Abgang des Eisstoßes durch eine
vorübergehende Hebung des Wasserspiegels um rund 2 m bemerkbar.

Am 4. März begann dann die eigentliche Hochwasserentwicklung in
der österreichischen Donau, wie aus den in Abb. 39 dargestellten Gang-

linien ersichtlich ist. Zunächst erfolgte der Abgang des großen Eisstoßes
aus dem Stauraum des Kachletwerkes, der um 4.45 Uhr Passau erreichte
und nach reibungslosem Durchgang bei Jochenstein gegen 12 Uhr in Linz
eintraf. Gleichzeitig ging damit auch ein ziemlich bedeutender Eisstoß ab,
der sich oberhalb von Regensburg in den Morgenstunden in Bewegung
gesetzt hatte, um 11.30 Uhr bei Passau vorbeigezogen war und sich
schließlich auf der Strecke Engelhartszell—Linz mit dem Vilshofener Eisstoß vereinigte. Die Wasserstände der Donau hatten unterdessen eine
ansehnliche Höhe infolge der anhaltenden Niederschläge erreicht, wobei
sich besonders der Einfluß der kleinen Zubringer aus dem Mühlviertel
und dem rechtsufrigen Gebiet zwischen Inn und Enns bemerkbar machte.
Die Kulmination wurde aber, wie in der Regel, durch den Inn verursacht, dessen Flutwelle am 4. März mit jener der Salzach zusammentraf und in Schärding einen Pegelstand von 633 cm hervorrief. Die steile
Innwelle traf nun in den Abendstunden des 4. März bei Passau ein und
stieß hier gerade auf den mit dem Eisabgang zusammenhängenden Schwall
in der bayrischen Donau. Diese Superposition von Innwelle und Eisstoß-
schwall rief also die Höchststände in der österreichischen Donaustrecke
hervor und bereicherte somit die Zahl der Entstehungsarten von Donau-
hochwässern um ein weiteres Beispiel. In Linz traf die derart zustande
gekommene Flutwelle am 5. März in der Früh ein und erhob sich bei
einem Scheitelwasserstand von 764 cm auf mehr als 6 m über das Anlauf-
niveau.

Traun und Enns hatten ihre mäßigen Hochwasserwellen schon am
3. und 4. März, die Ybbs sogar noch früher, also lange vor dem Eintreffen
der Donauwelle, abgeführt und bewirkten diesmal lediglich eine Verbreiterung derselben sowie eine Vorverlegung des Anstieges. Die Kulmination bei Stein-Krems erfolgte daher erst am 6. und bei Wien-Nußdorf
am 7. März. Zu dieser Zeit wiesen die niederösterreichischen Zubringer
nur noch eine geringe Wasserführung auf, so daß die Flutwelle verhältnismäßig rasch verflachte. Während sie bei Linz einen um 1 m höheren
Scheitelwasserstand als im Juli 1955 hervorrief, erreichte sie in Wien
lediglich dieselbe Höhe.

Der in der tschechoslowakisch-ungarischen Grenzstrecke entstandene
Eisstoß hatte am 28. Februar mit einer Länge von beinahe 30 km seine
größte Ausdehnung erlangt und sich bis Haslau a. D. vorgeschoben. Am
29. Februar begann er sich zu lösen, und in den folgenden Tagen ging er
mehr oder weniger unbeachtet ab. Aus diesem Grunde herrschten beim
Eintreffen der Donauflutwelle bereits wieder normale Abflußverhältnisse,
und dieselbe konnte ungehemmt durch Eisbildungen am 7. März das
österreichische Staatsgebiet verlassen.

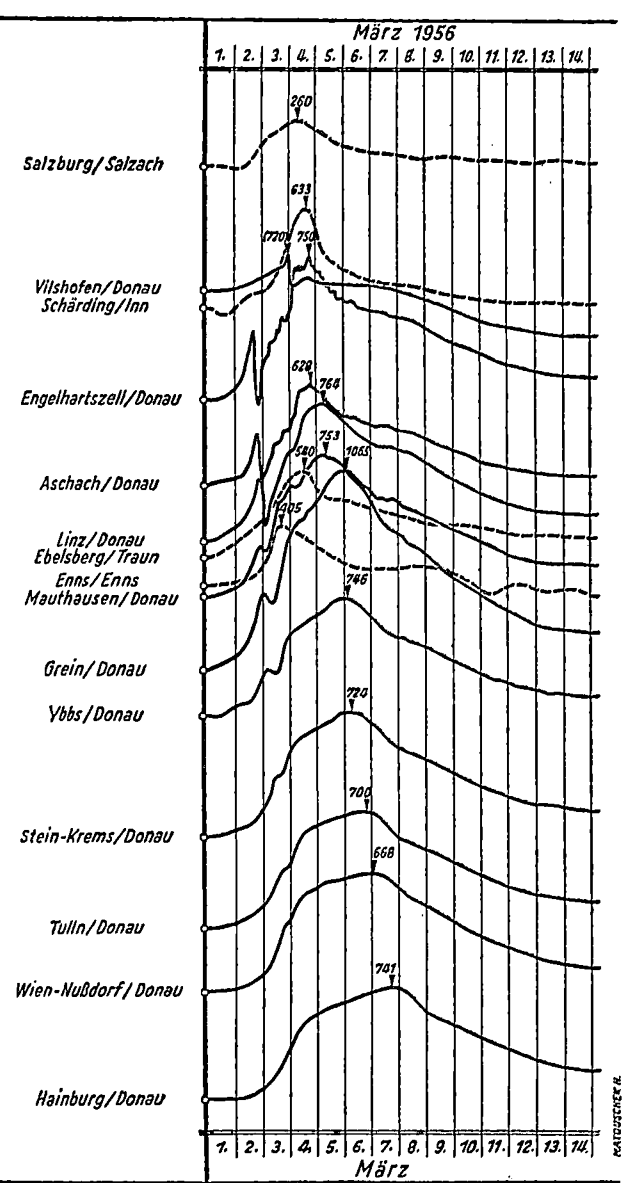

Abb. 39

*Flutwellen-
verlauf im
März 1956*

Die Häufigkeit der Donauhochwässer

Nach dem Ablauf großer Hochwässer wird in Anbetracht der Schäden die Wichtigkeit eines planmäßigen und umfassenden Hochwasserschutzes plötzlich von allen Seiten erkannt. Meist flaut dann das allgemeine Interesse mit dem Abgang der Flutwellen ab, und schließlich sind es nur noch die Fachleute des Wasserbaues, die sich aus eigenem Antrieb oder auftragsgemäß weiter mit der Frage befassen. So ist es auch zu verstehen, daß im Laufe der Zeit eine Reihe von Studien und Projekten zum Schutz einzelner Städte oder Gebiete vor den Hochfluten der Donau entstanden, ihre Ausführung aber gegenüber den Forderungen der Tagespolitik immer wieder aufgeschoben werden mußte. In neuerer Zeit hat der Gedanke einer großzügigen Hochwasserregulierung der Donau durch den gewaltigen Aufschwung der Energiewirtschaft neue Impulse erhalten, indem er — vielfach zwangsläufig — mit den Zielen der Kraftnutzung verbunden wurde. Alle diese Projekte, sowohl jene der Schutz- wie auch die der Nutzwasserwirtschaft, beruhen jedoch zu einem wesentlichen Teil auf der richtigen Festlegung der Schadenswassermengen, deren Bestimmung eine der wichtigsten Aufgaben der Hydrographie bildet. Das Hydrographische Zentralbüro war sich daher der Mitverantwortung in sicherheitsmäßiger und wirtschaftlicher Hinsicht stets bewußt und hat gerade der Erforschung der Hochwasserverhältnisse des Donaustromes ein besonderes Augenmerk gewidmet. Selbstverständlich waren dabei die Methoden, die zur Anwendung kamen, nicht immer dieselben, sondern sie mußten der fortschreitenden Entwicklung der Gewässerkunde angepaßt werden. Heute haben sich nun ebenso wie auf vielen anderen Gebieten der Technik bestimmte wahrscheinlichkeitstheoretische Überlegungen der mathematischen Statistik durchgesetzt, welche die Möglichkeit in sich schließen, auch auf dem Gebiet der Hochwasserhäufigkeit zu exakten Aussagen zu gelangen. Nachfolgend soll über diesbezügliche Untersuchungen, betreffend die österreichische Donau, einiges mitgeteilt werden.

Vorerst ist eine kurze Erläuterung der theoretischen Grundlagen angezeigt, die hauptsächlich auf Überlegungen von V. FELBER * und A. ZOTTL ** beruhen. Das Ziel ist, wie schon im letzten Abschnitt angedeutet wurde, die Herstellung des wahrscheinlichsten Zusammenhanges zwischen verschieden großen Hochwasserscheiteldurchflüssen und der durchschnittlichen Häufigkeit ihrer Wiederkehr. Es wird also möglichst

---

* V. F e l b e r : The Application of the Probability to the Solution of Hydrological Problems. Proceedings of the United Nations Conference on the Conversation and Utilization of Resources, 1949, Lake Success, New York, Volume I.

** A. Z o t t l : Statistik und oberirdischer Abfluß. Diss., Wien 1944.

exakt festgelegt, in welchen Zeitabständen Hochwässer bestimmter Größe durchschnittlich zu erwarten sind.

Zunächst hat für die Pegelstellen, auf die sich die Untersuchungen erstrecken sollen, aus möglichst langen Beobachtungszeiträumen die Auswahl der Hochwassererscheinungen zu erfolgen. Dabei gelten als Hochwässer alle Ganglinienspitzen, welche

1. den kleinsten bekannten Jahreshöchstwert (HQ_{min}) der Beobachtungsreihe erreichen oder überschreiten und

2. einen um mindestens 25% höheren Durchflußwert als jedes der beiden benachbarten Ganglinientäler aufweisen.

Der erste Punkt garantiert die Erfassung sämtlicher Jahreshöchstwerte der Beobachtungsreihe; der zweite Punkt erlaubt bei länger andauernder hoher Wasserführung in eindeutiger Weise die Trennung mehrerer Hochwasserereignisse. Wenn daher innerhalb eines kurzen Zeitabschnittes zwei Flutwellen zu verzeichnen waren, wie beispielsweise im Juni 1829, so werden dieser erstmalig von H. KREPS * vorgeschlagenen Definition zufolge beide Wellen in die Untersuchungen einbezogen, falls sie den Kriterien genügen.

Auf diese Art erhält man eine Zusammenfassung gleichartiger Beobachtungselemente, die in der Statistik den Namen „Sammelgegenstände" oder „Kollektive" führen. Die Anzahl ihrer Glieder wird dabei als Umfang des Kollektivs bezeichnet. Ordnet man nun die Glieder, also die Hochwasserdurchflüsse, in einem bestimmten Profil nach ihrer Größe und teilt man das Kollektiv in Intervalle, genannt Klassen, von gleicher Klassengröße, so ist die Verteilung der Durchflußwerte sowie die Anzahl der Glieder innerhalb einer Klasse, die Klassenhäufigkeit, zu erkennen. Die Darstellung der Klassenhäufigkeit in Form einer Staffellinie oder eines Häufigkeitspolygons ist ja bekannt.

Verkleinert man die Klassenintervalle immer mehr, so geht die Darstellung schließlich in einen glatt verlaufenden Linienzug, die sogenannte „Häufigkeitslinie", über. Diese weist nach den bisher gemachten Erfahrungen bei verschiedenen Kollektiven gewisse charakteristische Formen auf. Die „normale" Häufigkeitslinie oder GAUSSsche Fehlergesetzkurve stellt darunter den Idealfall vollkommen symmetrischer Verteilung dar. In der Natur vorkommende Kollektive besitzen jedoch meistens eine unsymmetrische Verteilung. Das trifft insbesondere für hydrologische Sammelgegenstände zu, die sich auch durch Einführung der Logarithmen der Ordnungsgrößen allein noch nicht in ein Kollektiv von normaler Verteilung umformen und damit analytisch erfassen lassen. Die Arbeiten der beiden eingangs erwähnten Autoren haben nun neue Möglichkeiten zur exakten Lösung des Problems der Hochwasserhäufigkeit gewiesen. Ihre Überlegungen, zuerst auf rein theoretischer Basis, führten dazu, den Gesamtumfang des Kollektivs in verschiedene Teilkollektive zu zerlegen. Eine solche Teilung

---

* H. K r e p s : Die Grundlagen für die provisorische Aufstellung einer Formel für Hochwässer verschiedener Wahrscheinlichkeit. Mitteilungsblatt Nr. 3 des Hydrographischen Dienstes in Österreich, Wien 1952.

erscheint immer dann angezeigt, wenn sich die Gesamtheit der Entstehungsbedingungen eines Ereignisses oder die zwischen Ursachenkomplex und Ereignis liegenden Ablaufbedingungen wesentlich verändern, was bei Sammelgegenständen der Hydrologie immer zu erwarten ist. Dadurch erfährt die Gesamtheit gleichartiger Ereignisse eine Aufspaltung nach Typen und das Kollektiv tritt als Mischkollektiv in Erscheinung. Die ursprünglich asymmetrische und eventuell mehrgipfelige Verteilungslinie der Hochwasserkollektive wird durch mehrere, sich zum Teil überlagernde symmetrische GAUSSsche Kurven ersetzt, die der Form der Staffellinie der Klassenhäufigkeit anzupassen sind. Soweit diese Kurven in der Abszissenrichtung übereinandergreifen, werden ihre Ordinaten addiert, wodurch sich eine neue Verteilungskurve ergibt, die dann der analytischen Behandlung zugänglich ist. Die neue Verteilungskurve muß dabei in den Klassenmitten durch die Staffellinie hindurchgehen, und die von der Kurve eingeschlossene Fläche muß gleich groß sein wie die von der ursprünglichen Staffellinie eingeschlossene Häufigkeitsfläche. Diese stellt also die Gesamtsumme der Häufigkeiten des Kollektivs dar, und durch fortschreitende Summierung erhält man auf einfache Weise die Summenlinie (Summenfunktion) der Häufigkeiten selbst.

Auf Grund der obigen Ausarbeitungen kann jetzt für eine beliebige Teilfläche der Verteilungskurve das Verhältnis zur Gesamtfläche „Eins“, die sogenannte „relative Häufigkeit“, bestimmt werden. Diese wird zur Wahrscheinlichkeit, wenn die Anzahl der Glieder ins Unendliche wächst. Da der Kollektivumfang bei Beobachtungsreihen aber niemals unendlich groß sein kann, muß man sich in der Praxis mit einer möglichst langen Jahresreihe begnügen, die folglich eine „Stichprobe“ darstellt. Das Vorhandensein einer sehr großen Anzahl von einwandfreien Einzelwerten bildet also die wesentliche Voraussetzung einer sinnvollen statistischen Untersuchung, denn nur in diesem Falle kann die relative Häufigkeit als praktisch identisch mit der Wahrscheinlichkeit gelten.

Die Summenfunktion der Häufigkeit gibt somit unmittelbar die Wahrscheinlichkeit für das Eintreten eines bestimmten Ereignisses an. Aus ihr kann nach einfacher Umwandlung und Reduktion der Funktionswerte auf den Beobachtungszeitabschnitt daher das n-jährige Hochwasser entnommen werden. Es ist dies jene Scheitelwassermenge, die in jeder n-jährigen Periode einer unendlich gedachten Jahresreihe durchschnittlich einmal erreicht oder überschritten wird. Gewöhnlich wird n die Hochwasserhäufigkeit genannt, doch ist diese Bezeichnung nach den vorstehenden Ausführungen unrichtig, obwohl sie sich eingebürgert hat.

Da die GAUSSsche Funktion infolge ihrer Konvergenzeigenschaft rasch einem Grenzwert zustrebt, läßt sich nun leicht ein rechnerischer Höchstwert RHHQ, also die höchste Durchflußmenge, die für ein bestimmtes Pegelprofil überhaupt zu erwarten ist, definieren. Der Wert kann dabei auch direkt aus der Verteilungsfunktion als obere Grenze des obersten Teilkollektivs entnommen werden.

Wie schon früher erwähnt, liegen für mehrere Pegelstellen der Donau, insbesondere für die Hauptprofile Linz, Stein-Krems und Wien-Nußdorf, sehr lange, bis in das dritte Jahrzehnt des vergangenen Jahrhunderts zurückreichende Wasserstandsbeobachtungen vor, die für derartige statistische Untersuchungen vortrefflich geeignet sind, da man aus ihnen ein umfangreiches Hochwasserkollektiv gewinnen kann. Zunächst war die Umsetzung der nur ein relatives Maß darstellenden Wasserstände in unmittelbar vergleichbare Durchflußangaben notwendig. Vom Jahre 1893 an konnten die Wassermengenwerte den Veröffentlichungen des Hydrographischen Zentralbüros entnommen werden, für die früheren Jahrzehnte waren jedoch nur noch vereinzelte Abflußmessungen und die Originalwasserstände vorhanden. Die Aufstellung der Pegelschlüssel erforderte daher viel Zeit und Arbeit, da hiefür eingehende Stabilitätsuntersuchungen zur Feststellung der Flußbettveränderungen notwendig waren. Trotz aller Schwierigkeiten gelang es aber doch, sämtliche Abflußkurven auf die in Beitrag Nr. 19 zur Hydrographie Österreichs * beschriebene Art und Weise zu konstruieren und den ganzen Beobachtungszeitraum seit 1821 für Linz, seit 1828 für Stein-Krems und Wien-Nußdorf mit Durchflußwerten zu belegen. Selbstverständlich haftet diesen Daten trotz der großen Sorgfalt bei ihrer Berechnung eine gewisse Ungenauigkeit an. Es darf jedoch im Hinblick auf die einheitliche Behandlung des gesamten Flußlaufes, bei der sich viele Überprüfungsmöglichkeiten ergaben, angenommen werden, daß die Abweichungen von den wahren Werten kaum viel größer sind, als es die Natur des Unterlagenmaterials zwangsläufig bedingt. Eine größere als die beispielsweise durch die herkömmlichen Meßverfahren erzielbare Genauigkeit ist aber weder notwendig noch erwünscht, insbesondere bei Hochwasseruntersuchungen, die in erster Linie die Größenordnung der zu jeder Klassenhäufigkeit gehörenden Erwartungswerte festlegen sollen.

Vor ihrer statistischen Behandlung erfuhren die über einer bestimmten Grenze liegenden Originaldurchflußwerte früherer Jahrzehnte noch eine gewisse abgewogene Erhöhung, um dem Einfluß der inzwischen entstandenen Regulierungs- und Kraftwerksbauten auf den Hochwasserablauf der Donau Rechnung zu tragen **. Schließlich lagen für jeden der drei Hauptpegel bis zum letzten noch einbezogenen Jahre 1955 eine so große Anzahl gleichwertiger und vergleichbarer Hochwasserangaben vor — beispielsweise beinahe 900 Werte für das Profil Linz —, daß die Voraussetzungen für eine eingehende Untersuchung im Sinne der Wahrscheinlichkeitsrechnung als gegeben erschienen und daher ein richtiges und aufschlußreiches Endergebnis erwartet werden durfte. Dasselbe ist aus Tabelle VII zu entnehmen, in der die n-jährigen Hochwassermengen bei Linz, Stein-Krems und Wien angeführt sind.

---

* Beiträge zur Hydrographie Österreichs, Heft Nr. 19: Die Abflußverhältnisse der Donau in Österreich 1893—1942. Wien 1948.

** W. Kresser: Der Einfluß der Regulierungs- und Kraftwerksbauten auf die Hochwasserverhältnisse der Donau. Österreichische Wasserwirtschaft, Jg. 1954, Heft 1/2.

Tabelle VII

n-jährige Hochwassermengen für die Donau

HQn	Linz (E = 79.490,1 km²)	Stein-Krems (E = 96.029,9 km²)	Wien-Nußdorf (E = 101.700,0 km²)
	m³/s		
HQ min	1.800	2.980	3.100
HQ_1	3.190	4.690	4.910
HQ_2	3.590	5.450	5.500
HQ_5	4.360	6.270	6.200
HQ_{10}	4.890	6.920	6.820
HQ_{20}	6.250	9.400	8.800
HQ_{30}	7.330	10.030	9.350
HQ_{50}	7.950	10.530	9.800
HQ_{100}	8.530	11.170	10.400
HQ_{500}	9.540	12.300	11.500
HQ_{1000}	9.910	12.700	11.900
HQ_{5000}	10.680	13.600	12.800
RHHQ	11.000—11.500	13.800—14.200	13.000—13.500

Das für die Auswahl der Hochwasserereignisse maßgebende QH_{min}, also der niederste Jahreshöchstwert der gesamten Beobachtungsreihe, trat an der österreichischen Donau im Juni 1857 auf. Derselbe Durchflußwert wurde auch 1950 in Stein-Krems und Wien-Nußdorf nicht überschritten. Hier zeigt sich wiederum deutlich der große Einfluß von Traun und Enns auf das Abflußregime der Donau, denn das HQ_{min} liegt bei Krems um zwei Drittel höher als bei Linz, obwohl die Zunahme des Einzugsgebietes nur ein Fünftel beträgt.

Für den oberösterreichischen Donauabschnitt bis zur Einmündung der Traun und Enns ist das Pegelprofil Linz maßgebend, wenn auch oberhalb des Eferdinger Beckens bei größeren Hochwässern etwas höhere Scheiteldurchflüsse auftreten. Aus der Tabelle VII ist u. a. zu ersehen, daß das Juli-Hochwasser 1954 als zirka 140jähriges, das Hochwasser 1899 aber kaum als säkulares Ereignis im Bereich Linz zu betrachten ist. Der Verhältniswert RHHQ : HQ_{min} beträgt hier 6,3 und sinkt unterhalb der Enns auf 4,7 und auf 4,3 bei Wien herab.

Die niederösterreichische Donaustrecke wird durch die Pegelstellen Stein-Krems und Wien-Nußdorf charakterisiert. Dabei stellt das Profil bei

Krems jenen Flußquerschnitt dar, an dem praktisch die höchsten Scheiteldurchflüsse auftreten, da unterhalb davon bis zur March keine für den Hochwasserabfluß entscheidenden Zubringer mehr einmünden, wohl aber das große Inundationsbecken des Tullnerfeldes dort liegt. Wie aus Tabelle VII hervorgeht, erfolgt hier eine Kappung der Hochwasserwellen, die sich schon bei einem fünfjährigen Hochwasser auswirkt und bei den seltenen Ereignissen eine bedeutende und für Wien äußerst günstige Reduktion der Spitzendurchflüsse mit sich bringt. Aus diesem Grunde sind die in der Tabelle enthaltenen Hochwassermengen gleicher Häufigkeit für das Profil Wien bis zu 800 m³/s kleiner als für das Profil Krems. Wahrscheinlich wurde die Inundationswirkung des Tullnerfeldes bisher doch etwas unterschätzt, denn die anläßlich des Julihochwassers 1954 gemachten Erfahrungen führten zu einer Reihe neuer Erkenntnisse und zur Berichtigung einiger bisher als feststehend angenommener Durchflußwerte, insbesondere für den Donauabschnitt zwischen Mauthausen und Krems,

Abschließend seien noch einige Feststellungen über die höchste Durchflußmenge der Donau bei Wien gemacht, denn hierüber liest oder hört man oft sehr widersprechende Meinungen.

Prinzipiell bestehen für den planenden Ingenieur zwei Möglichkeiten, falls er einem Projekt im Hinblick auf die öffentliche Sicherheit oder das öffentliche Interesse die Höchstwassermenge zugrundelegen muß. Entweder nimmt er dafür den auf die eben beschriebene Weise ermittelten rechnungsmäßigen Höchstwert RHHQ als maßgebend an, oder er geht vom „bisher beobachteten höchsten Hochwasser", bei der Donau also von jenem des Jahres 1501, aus. Die Vertreter des statistischen Weges können zweifellos alle Vorteile eines exakten und einheitlichen Berechnungsverfahrens ins Treffen führen, dessen Ergebnisse heute wohl von niemandem mehr angezweifelt werden, sofern sie auf der gewissenhaften Bearbeitung einer langen und verläßlichen Beobachtungsreihe beruhen. Doch wenn die nicht streng genug anzunehmenden Voraussetzungen nur zum Teil als erfüllt gelten dürfen, ist von der Anwendung statistischer Methoden unbedingt abzuraten, denn zwangsläufig müssen sich dann Mißerfolge einstellen, die oft zu einer ungerechten Verurteilung einer ganzen Forschungsrichtung führen. Selbstverständlich ist auch die Bestimmung des dem bisher höchsten beobachteten Hochwasser zugeordneten Durchflusses meist mit großen Schwierigkeiten verbunden, und auch hier müssen einige wesentliche Vorbedingungen erfüllt sein. Der wirkliche Hydrologe wird also stets von Fall zu Fall entscheiden, welchen Weg er einzuschlagen hat, und es ist daher zwecklos, die eventuellen Vor- und Nachteile des einen Verfahrens gegen die des anderen abschätzen zu wollen, wie es oft geschieht. In der gewässerkundlichen Praxis steht der Fachmann wohl auch selten vor einer solchen Wahl, da die vorhandenen Unterlagen und Möglichkeiten meistens das eine oder das andere eindeutig empfehlen oder ausschließen.

Bei jeder derartigen „Höchstwasseraussage" geht es jedenfalls um die Lösung einer schwierigen und undankbaren Aufgabe, denn eigentlich heißt dies nichts anderes, als für künftige Zeiten sozusagen eine Prognose zu stellen. Insbesondere muß man sich vor Augen halten, daß die Frage nach dem „Höchstdurchfluß" schlechtweg in dieser Form nicht mehr der Auffassung über das Wesen eines solchen Naturvorganges entspricht, denn die für das Zustandekommen einer Hochflut maßgebenden hydrometeorologischen Ursachen lassen, streng genommen, hinsichtlich ihrer Auswirkung auf den Scheitelwert des Abflusses jede denkbare Steigerung zu. Da jedoch vieles möglich, aber manches von diesem Möglichen nicht wahrscheinlich sein wird, besteht der wohl schwerste Teil der Aufgabe in der Einengung des Möglichen innerhalb gewisser Grenzen, wodurch die Wahrscheinlichkeit des Eintrittes eines Ereignisses erst begreiflich wird. Man wird sich dabei stets die Natur zum Vorbild nehmen, das heißt das Naturereignis selbst und die Momente, die zur Entstehung eines Hochwassers führen, einer kritischen Prüfung unterziehen, wobei die in den ersten Abschnitten erfolgte Beschreibung der früheren Hochfluten vielleicht von Wert sein kann.

Als Beispiel dafür, wie die beiden oben angedeuteten Wege zur Festlegung der Höchstwassermenge in einer Flußstrecke zur gegenseitigen Kontrolle dienen können, und daß die entsprechenden Ergebnisse durchaus nicht wesentlich voneinander abweichen müssen, dürfen gerade die Untersuchungen über die Donau im Bereich von Wien gelten. Wie aus Tabelle VII hervorgeht, gelangt man für das Profil Linz auf ein RHHQ von 11 000 bis 11 500, für Stein-Krems auf 13 800 bis 14 200 und für Wien auf ein solches von 13 000 bis 13 500 m³/s. Die rechnerisch ermittelte Höchstabflußmenge bei Stein-Krems stimmt also mit dem vom Hydrographischen Zentralbüro bereits vor fünf Jahrzehnten für Wien als maßgebend bezeichneten Durchfluß von zirka 14 000 m³/s, der auf einer Abschätzung der Scheitelwassermenge des höchsten bisher beobachteten Hochwassers vom Jahre 1501 beruht, genau überein, und auch das RHHQ für das Profil Wien-Nußdorf selbst weicht im Mittel nur um zirka 5% davon ab.

Nun hat man zu bedenken, daß die genaue zahlenmäßige Angabe der maximalen Durchflußmenge für das Hochwasser 1501 auch bei strengster Beachtung aller den Ablauf eines solchen Ereignisses beherrschenden Gesetzmäßigkeiten natürlich nicht möglich ist und die genannten 14 000 m³/s nur einen Richtwert darstellen. Die Ursache hiefür ist die Unsicherheit der Berechnungsgrundlagen für einen mehrere Jahrhunderte zurückliegenden Abflußvorgang, und zwar sowohl in hydraulischer wie in flußmorphologischer Hinsicht, die auch durch die strengsten Berechnungsverfahren nicht aufgewogen werden kann. Zweifellos ist durch ein Zusammenwirken einer Reihe besonders ungünstiger Begleitumstände das Auftreten der gewaltigen Abflußmenge von 14 000 m³/s in der Donau bei Krems möglich; allerdings soll nicht verschwiegen werden, daß dieser Wert schon im Hinblick auf die große Retentionswirkung im Tullnerfeld nach den heutigen Erkenntnissen für das Profil Wien als etwas zu hoch angenommen erscheint. Es ist jedoch verständlich, daß man im Bestreben nach größtmöglicher Sicherheit für die Stadt nicht etwa das Mittel aus verschiedenen Berechnungsergebnissen für die Hochflut vom August 1501, sondern den höchsten ermittelten Wert als maßgebende Schadenswassermenge angegeben hatte. Aber auch die rechnerisch ermittelten Höchstdurchflußmengen dürfen nicht als unantastbar angesehen werden, denn eine Aussage im Bereich der Spitzenwerte ist verständlicherweise auch bei so langen Beobachtungsreihen, wie sie den hier in Rede stehenden statistischen Untersuchungen zugrunde lagen, immer noch etwas unsicher. So betrachtet, ist die Übereinstimmung vollkommen befriedigend, und es darf mit vollem Recht angenommen werden, daß sich das wahrscheinlich höchste Donauhochwasser vom bisher bekannten Höchstwasser vom Jahre 1501 kaum unterscheidet, so daß beide in bezug auf ihren Scheiteldurchfluß als praktisch identisch angesehen werden können.

Daraus resultiert also eindeutig, daß eine Abflußmenge von 14 000 m³/s in der Donau bei Wien nach den heutigen Berechnungsgrundlagen die oberste Grenze darstellt, die mit größter Wahrscheinlichkeit niemals erreicht oder überschritten wird. Diesen Wert wird man daher tunlichst allen jenen wasserbaulichen Projekten zugrunde legen, von deren Bestand die Sicherheit von Menschenleben und wertvollsten Kulturgütern abhängt. Bei Projekten von geringerer Bedeutung darf je nach ihrer Rangordnung aber ohne weiteres mit einer kleineren „Höchstdurchflußmenge" gerechnet werden.

SCHRIFTENREIHE DES ÖSTERREICHISCHEN WASSERWIRTSCHAFTSVERBANDES

H. 1—5 vergriffen.

H. 6: Bermann, R., Betrachtungen zur Energiewirtschaft Österreichs. 23 S. 1946, S 6.50.

H. 7: Hartig, E., Wasserwirtschaft und Wasserrecht — Der Österreichische Wasserwirtschaftsverband. 25 S. 1947, S 7.—.

H. 8: Vas, O., Über das Unterwasserkraftwerk. 22 Abb. 67 S. 1947, S 15.—.

H. 9: Musil, L., Wirtschaftliche Gesichtspunkte für die Großraum-Verbundwirtschaft in der Elektrizitätsversorgung. 15 Abb. 43 S. 1947, S 9.—.

H. 10: Pönninger, R., Die Verwertung der städtischen Abwässer in Österreich. 15 Abb. 67 S. 1948, S 14.40.

H. 11: Steinwender, A., Die Zukunft der Wasserversorgung der Stadt Wien. 8 Abb. 44 S. 1948, S 7.20.

H. 12: Ramsauer, B., Die österreichische Nährflächenreserve — das zehnte Bundesland. 7 Abb. 30 S. 1948, S 5.80.

H. 13: Vas, O., Der Anteil Österreichs an der elektrizitätswirtschaftlichen Gemeinschaftsplanung in Europa. 13 Abb. 27 S. 1948, S 6.60.

H. 14: Böhmer, H., Über den derzeitigen Stand der Bauarbeiten am Tauernkraftwerk Kaprun. 22 Abb. 50 S. 1949, S 12.—.

H. 15: Fritsch, J., Talsperrenbeton. 4 Abb. V, 34 S. 1949, S 7.20.

H. 16: Sitte, F., Wasserwirtschaftstagung 1949 in Bad Ischl, Oberösterreich. — Jahresbericht 1948 des Österreichischen Wasserwirtschaftsverbandes. 11 Abb. III, 70 S. 1949, S 19.20.

H. 17: Kieser, A., Gewässerkundliche Grundlagen der Anlagen und Projekte der Vorarlberger Illwerke A. G. 21 Abb. III, 36 S. 1949, S 7.20.

H. 18: Steinwender, A., Über Düsen, Wasserstrahlpumpen und Heber. 33 Abb. III, 47 S. 1950, S 14.40.

H. 19: Fritsch, J., Der heutige Stand der Massenbetontechnik. 15 Abb. 37 S. 1950, S 12.—.

H. 20: Baumann, F., Vom älteren Flußbau in Österreich. 10 Abb. IV, 44 S. 1951, S 14.40.

H. 21: Kieser, A., Die „Kernring-Auskleidung" im Druckstollen „Kops-Vallüla" der Vorarlberger Illwerke A. G. 12 Abb. III, 31 S. 1951, S 10.—.

H. 22: Vas, O., Probleme der Kraftwasserwirtschaft in Mitteleuropa. 27 Abb. III, 60 S. 1952, S 16.—.

H. 23: Grengg, H., Das Großspeicherwerk Glockner-Kaprun. 10 Abb. V, 35 S. 1952, S 14.—.

H. 24: Fritsch, J., Amerikanischer Talsperrenbau. 22 Abb. III, 51 S. 1952, S 20.—.

H. 25: Liepolt, R., Abwasserwirtschaft in Österreich. Koziel, O., Abwasserwirtschaft in Kärnten. 10 Abb. V, 40 S. 1953, S 18.—.

H. 26/27: Grabmayr, P., Wasserrechtliche Berufungsentscheidungen und Erkenntnisse 1949 bis 1952. III, 73 S. 1953, S 30.—.

H. 28/29: Hartig, E., Internationale Wasserwirtschaft und internationales Recht. 102 S. 1955, S 42.—.

H. 30: Vas, O., Wasserkraft- und Elektrizitätswirtschaft in der Zweiten Republik. 48 S., 39 Tafelbilder, 9 Abb., 9 Tab., 1956, S 36.—.

H. 31: Lernhart, A., Untersuchungen zur Erweiterung der Wasserversorgung Wiens. 44 S., Grundwasserkarte, 1956, S 36.—.

Additional material from *Die Hochwässer der Donau,*
ISBN 978-3-7091-3531-0, is available at http://extras.springer.com